Материалы XIII международной научно-практической конференции

Актуальные направления фундаментальных и прикладных исследований

13-14 сентября 2017 г.

North Charleston, USA

Том 2

УДК 4+37+51+53+54+55+57+91+61+159.9+316+62+101+330

ББК 72

ISBN: 978-1976560873

В сборнике опубликованы материалы докладов XIII международной научно-практической конференции   " Актуальные направления фундаментальных и прикладных исследований "

Все статьи представлены в авторской редакции

© Авторы научных статей, н.-и. ц. «Академический»

Содержание
Биологические науки

Desyatova Mariya, Derbyshev G.S., Baldanshirieva A.D., Melekhin V.V., Sichkar D.A., Korotkov A.V., Kostyukova S.V., satonkina O.A., Makeev O.G.
VERIFICATION OF CLINICAL DIAGNOSIS BY THE PRINCIPLE OF APPLICATION OF GENETIC TRANSFORMATION MARKER 1

Дербышев Г.С., Яковлева Е.А., Балданшириева А.Д., Мелехин В.В., Сичкар Д.А., Коротков А.В., Костюкова С.В., Сатонкина О.А., Макеев О.Г.
АНАЛИЗ АДГЕЗИОННЫХ СВОЙСТВ ГИДРОГЕЛЯ С РАЗЛИЧНЫМИ КОНЦЕНТРАЦИЯМИ МАГНИТНЫХ НАНОЧАСТИЦ 6

Кучерова А.А., Мелехин В.В., Сичкар Д.А., Коротков А.В., Костюкова С.В., Сатонкина О.А., Макеев О.Г.
ВЛИЯНИЕ ГИПЕРЭКСПРЕССИИ KLOTHO НА ХАРАКТЕРИСТИКИ РОСТА КУЛЬТУРЫ КЛЕТОК ГЛИОМЫ ЧЕЛОВЕКА 11

Потт А. Б., Компанец Г. Г. Иунихина О. В.
ОСОБЕННОСТИ РАЗМНОЖЕНИЯ ШТАММОВ ОРТОХАНТАВИРУСОВ HANTAAN И SEOUL НА КУЛЬТУРЕ КЛЕТОК 16

Гриневич А.С., Краева М.Н., Блохин Д.Ю., Иванов П.К.
ПОЛУЧЕНИЕ КОНЪЮГАТОВ МОНОКЛОНАЛЬНЫХ АНТИТЕЛ СЕРИИ ИКО С ФИКОЭРИТРИНОМ ДЛЯ АНАЛИЗА КЛЕТОЧНЫХ СУБПОПУЛЯЦИЙ МЕТОДОМ ПРОТОЧНОЙ ЦИТОМЕТРИИ 19

Геолого-минералогические науки

Малашкина В.А., Кулабухова К.Г.
СПОСОБЫ СНИЖЕНИЯ ГАЗООБИЛЬНОСТИ ГОРНЫХ ВЫРАБОТОК И КОНТРОЛЬ МЕТАНА В ШАХТНЫХ ДЕГАЗАЦИОННЫХ СЕТЯХ 27

Медицинские науки

Балданшириева А.Д., Мелехин В.В., Сичкар Д.А., Коротков А.В., Костюкова С.В., Сатонкина О.А., Макеев О.Г.
ЭФФЕКТЫ КОСМЕТИЧЕСКИХ ПРОДУКТОВ НА КУЛЬТУРУ ФИБРОБЛАСТИЧЕСКОГО ДИФФЕРОНА ЧЕЛОВЕКА 32

Шуман Е.А., Балданшириева А.Д., Мелехин В.В., Сичкар Д.А., Коротков А.В., Костюкова С.В., Сатонкина О.А., Макеев О.Г.
КОРРЕКЦИЯ ПАТОГЕНЕТИЧЕСКИХ МЕХАНИЗМОВ КОРОНАРНОЙ НЕДОСТАТОЧНОСТИ С ПРИМЕНЕНИЕМ ГЕННЫХ ТЕХНОЛОГИЙ 37

Содержание

Шуман Е.А., Балданширеева А.Д., Мелехин В.В., Сичкар Д.А., Коротков А.В., Костюкова С.В., Сатонкина О.А., Макеев О.Г.
ПРИМЕНЕНИЕ ММСК, ТРАНСФЕЦИРОВАННЫХ ВЕКТОРОМ С VEGF165, ПРИ МОДЕЛИРУЕМОЙ КОРОНАРНОЙ НЕДОСТАТОЧНОСТИ 45

Узбиков Р.М.
ОЦЕНКА РЕЗУЛЬТАТОВ ЭНДОПРОТЕЗИРОВАНИЯ КОЛЕННОГО СУСТАВА ПРИ ГОНАРТРОЗАХ РАЗЛИЧНОГО ГЕНЕЗА 52

Кутумова О.Ю., Кононова Л.И., Россиева Т.В., Демко И.И., Сумцова Т.В.
ЭФФЕКТИВНОСТЬ ЛЕЧЕНИЯ ТАБАЧНОЙ ЗАВИСИМОСТИ В ЛЕЧЕБНО-ПРРОФИЛАКТИЧЕСКИХ УЧРЕЖДЕНИЯХ КРАСНОЯРСКОГО КРАЯ 55

Журбенко В.А., Саакян Э.С.
ПСИХОЭМОЦИОНАЛЬНЫЕ ИЗМЕНЕНИЯ ПЕРЕД СТОМАТОЛОГИЧЕСКИМ ВМЕШАТЕЛЬСТВОМ ... 63

Каде А.Х., Поляков П.П., Липатова А.С., Сотниченко А.С., Куевда Е.В., Губарева Е.А., Вчерашнюк С.П.
ВОЗМОЖНОСТИ КОРРЕЦИИ НАРУШЕНИЙ СТРЕСС-ИНДУЦИРОВАННОЙ ЭКСПРЕССИИ C-FOS НЕЙРОНАМИ ПАРАВЕНТРИКУЛЯРНОГО ЯДРА ГИПОТАЛАМУСА ТЭС-ТЕРАПИЕЙ 66

Педагогические науки

Заболотская Е.А., Добрякова О.П.
ОСОБЕННОСТИ СТРУКТУРЫ МУДБОРДА, КАК КОНЦЕПТА КОЛЛЕКЦИИ МОДНОЙ ОДЕЖДЫ 69

Звонкина О.П.
ПЕДАГОГИКА СОТРУДНИЧЕСТВА КАК ОСНОВА ТЕХНОЛОГИИ КОЛЛЕКТИВНОГО ПРОЕКТИРОВАНИЯ 72

Психологические науки

Саврасова Л.А., Саврасова О.Г.
ПРОБЛЕМА СОЗНАНИЯ И РЕАЛЬНОСТИ В СОВРЕМЕННОЙ НАУКЕ 76

Передня Максим, Кишкилев Степан
ВЗАИМОСВЯЗЬ МЕЖЛИЧНОСТНЫХ КОНФЛИКТОВ И ЛИЧНОСТНЫХ ОСОБЕННОСТЕЙ РАБОТНИКОВ СФЕРЫ УПРАВЛЕНЧЕСКОЙ ДЕЯТЕЛЬНОСТИ 83

Метелик Н.П.
ПРОБЛЕМЫ ИНВАЛИДОВ В СОВРЕМЕННОМ ОБЩЕСТВЕ 87

Физико-математические науки

Романова Е.В.
СФЕРИЧЕСКИ-СИММЕТРИЧНОЕ РЕШЕНИЕ ТЕОРИИ ГРАВИТАЦИИ В ПРОСТРАНСТВЕ КАРТАНА-ВЕЙЛЯ СО СКАЛЯРНЫМ ПОЛЕМ ДИРАКА 91

Содержание

Филологические науки

Кохан О.Н.
ЛОНДОНСКИЙ ТЕКСТ В РОМАНЕ САРЫ УОТЕРС «TIPPING THE VELVET» 94

Гришина Д.Д.
О ПОНЯТИИ СТИЛЯ, ЖАНРА И СТИЛИСТИЧЕСКОЙ НОРМЫ В ЛИНГВИСТИКЕ 102

Мухаева З.А., Барсукова Р.С.
РОЛЬ «РЕВИЗСКИХ СКАЗОК» В ИЗУЧЕНИИ ЛИЧНЫХ ИМЕН ТАТАР ПЕРМСКОГО КРАЯ 108

Барсукова Р.С., Мухаева З.А.
ИЗ ИСТОРИИ ИЗУЧЕНИЯ ЗАБОЛОТНОГО ГОВОРА СИБИРСКИХ ТАТАР 111

Исмагилова Д.И.
АНАЛИЗ ИСПАНСКОЙ ПУБЛИЦИСТИКИ НА ПРЕДМЕТ ЗАИМСТВОВАНИЯ ИЗ РАЗНЫХ ЯЗЫКОВ .. 114

Химические науки

Белова Т.В., Васильева С.Ю., Насакин О.Е.
РАЗРАБОТКА МЕТОДА ПОЛУЧЕНИЯ ИНУЛИНА ИЗ ТОПИНАМБУРА 118

Захарова О.В., Казакова Ю.В., Васильева С.Ю., Насакин О.Е.
СОСТАВ НА ОСНОВЕ ФУРФУРОЛАЦЕТОНОГО МОНОМЕРА ДЛЯ СТАБИЛИЗАЦИИ ГРУНТОВ 121

Табаринов Р.А., Федорова Е.А., Васильева С.Ю., Насакин О.Е.
РАЗРАБОТКА НОВОГО МЕТОДА УТИЛИЗАЦИИ ОТХОДОВ ПОЛИСТИРОЛА - ПРОИЗВОДСТВО ПОЛИСТИРОЛАКРИЛОВЫХ ЛАКОВ И КРАСОК 124

Федорова Е.А., Захарова О.В., Васильева С.Ю., Насакин О.Е.
РАЗРАБОТКА НОВОГО ЛАКА ДЛЯ ДРЕВЕСИНЫ НА ОСНОВЕ ФУРФУРОЛАЦЕТОНОВОГО МОНОМЕРА 127

Шашкова Е.И., Васильева С.Ю., Насакин О.Е.
ПОЛУЧЕНИЕ НОВЫХ ОГНЕСТОЙКИХ ПОЛИУРЕТАНОВЫХ ПЕН 130

Экономические науки

Ситдикова Л.Ф., Сабирова А.И., Мухаметгалиева Ф.Ф.
ОСОБЕННОСТИ АНАЛИЗА ЛИКВИДНОСТИ СЕЛЬСКОХОЗЯЙСТВЕННЫХ ОРГАНИЗАЦИЙ 133

Гуданова К.Н., Опрятова О.В.
ОЦЕНКА ЭФФЕКТИВНОСТИ ИСПОЛЬЗОВАНИЯ ФИНАНСОВЫХ РЕСУРСОВ ПРЕДПРИЯТИЯ 136

Юридические науки

Катбамбетов М.И.
НАЗНАЧЕНИЕ НАКАЗАНИЯ ЗА ВООРУЖЕННЫЕ ПРЕСТУПЛЕНИЯ 144

Дзыбова С.Г., Новиченко А.А.
НЕЗАВИСИМОСТЬ СУДЕБНОЙ ВЛАСТИ КАК ОСНОВА ДЕМОКРАТИЧЕСКОГО ГОСУДАРСТВА 148

Содержание

Desyatova Mariya, Junior Researcher, Department of Molecular and Cellular Technologies USMU Ministry of Health of the Russian Federation, mardesyatova@yandex.ru, **Derbyshev G.S.**, laboratory assistant researcher, Department of Molecular and Cellular Technologies USMU Ministry of Health of the Russian Federation, **Baldanshirieva A.D.**, Laboratory Assistant researcher, Department of Molecular and Cellular Technologies, USMU, Ministry of Health of the Russian Federation, **Melekhin V.V.**, Junior Researcher of the Institute of Medical Cell Technologies, Assistant of the Department of Biology USMU Ministry of Health of Russian Federation, **Sichkar D.A.**, Senior Laboratory Assistant of the Department of Biology USMU Ministry of Health of the Russian Federation, **Korotkov A.V.**, Ph.D., Associate Professor of the Department of Biology USMU Ministry of Health of Russian Federation, Dr.Sc. Institute of Medical Cell Technologies, **Kostyukova S.V.**, Ph.D, Associate Professor of the Department of Biology USMU Ministry of Health of Russian Federation, Dr.Sc.Institute of Medical Cell Technologies, **Satonkina O.A.**, Ph.D, Senior Lecturer of the Department of Biology USMU, Ministry of Health of Russian Federation, Senior Researcher Institute of Medical Cell Technologies, **Makeev O.G.**, MD, prof., head of Department of Biology USMU Ministry of Health of Russian Federation, head of laboratory Institute of Medical Cell Technologies

VERIFICATION OF CLINICAL DIAGNOSIS BY THE PRINCIPLE OF APPLICATION OF GENETIC TRANSFORMATION MARKER

In this article, the application principle of the polymorphic marker TP53 had been considered and discussed as a universal methodic for assessment of the disruption of the stability of the genetic apparatus in patients with a previously established fact of oncological disease.

Key words: Genomic instability, DNA, Single nucleotide polymorphism (SNPs), mutation.

Introduction

In recent times, there is a need to detect the presence of mutations leading to malignant transformation of the cell. The understanding of genetic variations can provide an opportunity of tracking of oncological diseases, the majority of which caused by carcinogenesis, bring the understanding of its mechanism, which lead to alterations in the internal integrity of the genetic apparatus, and to reveal the critical factors of influence on the origin of cellular transformations. This can be an advantage when creating a preventive strategy and a preliminary assessment of the predisposition to the manifestation of a mutation. Now we are at the inauguration stage of DNA-diagnostics, as a tool of analyzation of one-nucleotide polymorphism (SNP). The replacement of one base pair can lead to some changes in the genome. However, in most cases these changes cannot cause switches in the expression and functioning of the gene. In this study, there is an actual consideration of the mutation of the TP53 gene, which encodes a nuclear phosphoprotein involved in the regulation of the cell cycle. At the cellular level, the protein of TP53 gene acts as an agent for elimination of potential tumor cells, prompting programmed cell death, inhibiting proliferation of damaged cells. TP53 is the most frequently altered gene in the onset of tumor formation [2]. Earlier studies have shown that after the damage of the gene, the inactive protein that has taken up the abnormal structure is still carries on synthesis. TP53 inactivated by the mutations in the codons 175, 248 and 273, increasing the cell sensitivity to DNA-damaging factors and deactivating the corresponding protein [3]. Higher, mutation TP53 can serve as an indicator of the presence of a defect in the DNA - the reparative function and the dysfunction of the cell death apparatus. However, the question of influence of TP53 gene mutations on the development of tumors, which evolved from cells of various embryonic origin, is still remains unclear.

Aims of research

The aim of the study was to verify the clinically established diagnosis of patients using a marker for the presence of a mutation of the TP53 gene and to assess the significance of the mutation of the TP53 gene in tumor cells from various embryonic origins.

Materials and methods of research

DNA samples of seven patients with earlier confirmed oncological diagnosis have been investigated (Table 1).

Table 1
Characteristic of the patients with detected mutation in TP53 gene.

Patient	Gender	Age	Diagnosis	Embryonic origin
1	female	39	Liver hemangioma	Endoderm
2	male	57	Papillomatous polyp of the gallbladder	Endoderm
3	female	54	Uterine leiomyoma	Mesoderm
4	male	71	Prostate cancer	Endoderm
5	female	56	Uterine cancer	Endoderm
6	male	78	Stomach cancer	Endoderm
7	female	35	Brain tumour	Ectoderm

DNA was isolated from the nucleated cells of the peripheral blood of patients using phenolic method. The presence of metastatic cells in the blood is an unfavorable prognostic factor [5]. After isolation, the samples obtained DNA were frozen and stored at - 85 ° C. The PCR performed using the SNP-Express TP53 system (Litech, Russia). For each sample of the DNA obtained, two polymerase chain reactions carried out in parallel with two different pairs of specific primers in a programmable thermostat "Tertzik" with an exact algorithm in the volume of the reaction mixture equal to 53 μl using Lambda-Phage Taq polymerase. During the PCR, a three-stage cycle used according to the manufacturer's protocol.

Detection of the products of the amplification reactions performed by horizontal electrophoresis on 1.5% agarose with the addition of 4μl ethidium bromide per 50 ml of the molten mixture. The 10 μl of amplificate placed in the wells of the gel. Electrophoresis performed for 27 minutes at 150 V.

Results and discussion

Figure 1 shows the results of PCR analysis. Attention is drawn to the high expression of the p53 protein mutation in samples 1, 2, 3 and in the positive control sample (K +) when amplified with the TP53 Pro47Ser marker. In addition, samples 6 and 7 trace "tails", which are DNA fragments that indicate the presence of a set of single and double-strand breaks in the DNA of these patients can serve as an indicators of genomic instability. A similar pattern observed when amplifying with the TP53 Pro72Arg marker.

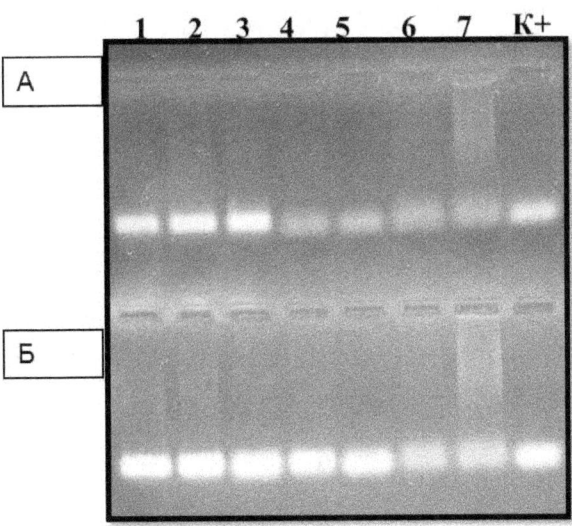

Figure 1. Results of electrophoresis PCR products amplification of the

polymorphic marker TP53 Pro47Ser mutation of the protein p53 (A) and TP53 Pro72Arg mutation 2 protein p53 (B).
K^+ = positive control

The obtained results indicate that the development of oncology in these patients is due to several genetic defects in the TP53 gene, both as a variant of the Pro47Ser mutation and TP53 Pro72Arg mutation.

Despite the fact that DNA samples were obtained from patients with confirmed diagnosis and tumors originated from tissues of various origins: endodermal for patients 1, 2, 4, 5, 6; mesodermal-3 and ectodermal in patient 7. In each case, we recorded mutations in the codons 175, 248, 273. Moreover, the fact that in this case we are negotiating with inherited mutations cannot be exclude. In favor of the latter assumption is a high fragmentation of genomic DNA in two patients. This suggests that the study of the TP53 gene may be useful in the prediction of the risk of oncological development from tissues of various origins. The latter confirmed in the literature [1]. The significant polymorphism of the TP53 gene discovered may increase the risk of oncology, which also finds confirmation in the literature [6, 4].

Therefore, the study of mutations of the TP53 gene can be of use as a complex biological marker of oncological pathologies. Since TP53 mutations are manifested at different stages of development of tumors of different tissue origins and, possibly, are an early indicators of predisposition to tumor development.

Conclusions

1) The study of mutations of the gene TP53 can serve as a universal marker of the risk of development of oncological pathology in a particular patient.

2) Mutations of TP53 accompanied by malignant transformation of cells from sources of the incident from various embryonic origins.

Bibliography

1. Olivier M, Goldgar D.,E, Sodha N, Ohgaki H, Kleihues P, Hainaut P, Eeles R.,A. (2003). Li-Fraumeni and related syndromes: Correlation between tumor type, family structure, and TP53 genotype. Cancer.Res 63: 6643–6650.

2. Olivier, M., Hollstein, M. and Hainaut, P. (2009). TP53 Mutations in Human Cancers: Origins, Consequences, and Clinical Use. *Cold Spring Harbor Perspectives in Biology*, 2(1)

3. Ory, K., Legros, Y., Auguin, C., & Soussi, T. (1994). Analysis of the most representative tumour-derived p53 mutants reveals that changes in protein conformation are not correlated with loss of transactivation or inhibition of cell

proliferation. *The EMBO Journal*, *13*(15), 3496–3504.

4. Rivlin, N., Brosh, R., Oren, M. and Rotter, V. (2011). Mutations in the p53 Tumor Suppressor Gene: Important Milestones at the Various Steps of Tumorigenesis. *Genes & Cancer*, 2(4), pp.466-474.

5. Wang, X., Heller, R., VanVoorhis, N., Cruse, C., Glass, F., Fenske, N., Berman, C., Leo-Messina, J., Rappaport, D., Wells, K., DeConti, R., Moscinski, L., Stankard, C., Puleo, C. and Reintgen, D. (1994). Detection of Submicroscopic Lymph Node Metastases with Polymerase Chain Reaction in Patients with Malignant Melanoma. *Annals of Surgery*, 220(6), pp.768-774.

6. Whibley C., Pharoah P.,D, Hollstein M. (2009). p53 polymorphisms: cancer implications. Nat Rev Cancer 9: 95 – 107.

Дербышев Г.С., лаборант исследователь, отдела молекулярных и клеточных технологий ФГБОУ ВО УГМУ Минздрава России,
Яковлева Е.А., лаборант исследователь, отдела молекулярных и клеточных технологий ФГБОУ ВО УГМУ Минздрава России,
Балданшириева А.Д., лаборант исследователь, отдел молекулярных и клеточных технологий ФГБОУ ВО УГМУ Минздрава России,
Мелехин В.В., младший научный сотрудник института медицинских клеточных технологий, ассистент кафедры биологии ФГБОУ ВО УГМУ Минздрава России, **Сичкар Д.А.**, старший лаборант кафедры биологии ФГБОУ ВО УГМУ Минздрава России, **Коротков А.В.**, к.м.н., доцент кафедры биологии ФГБОУ ВО УГМУ Минздрава России, в.н.с. института медицинских клеточных технологий, **Костюкова С.В.**, к.б.н., доцент кафедры биологии ФГБОУ ВО УГМУ Минздрава России, в.н.м института медицинских клеточных технологий, **Сатонкина О.А.**, к.б.н., старший преподаватель кафедры биологии ФГБОУ ВО УГМУ Минздрава России, с.н.с. института медицинских клеточных технологий, **Макеев О.Г.**, д.м.н., проф., зав. кафедрой биологии ФГБОУ ВО УГМУ Минздрава России, зав. лабораторией института медицинских клеточных технологий

АНАЛИЗ АДГЕЗИОННЫХ СВОЙСТВ ГИДРОГЕЛЯ С РАЗЛИЧНЫМИ КОНЦЕНТРАЦИЯМИ МАГНИТНЫХ НАНОЧАСТИЦ

Аннотация. В статье рассмотрены адгезионные свойства полимерного геля, содержащего магнитные наночастицы оксида железа, приведен статистический анализ адгезии культуры клеток на гидрогеле.

Annotation. The article presents the data of analysis of polymeric gel with magnetic nanoparticles of iron oxide, statistical analysis of cell adhesion on hydrogel.

Ключевые слова: гидрогель, наночастицы, адгезия

Key words: hydrogel, nanoparticles, adhesion

Введение

Развивающаяся регенеративная медицина предусматривает разработку средств направленной доставки активных веществ, а также клеток непосредственно в поврежденную область организма. Средства направленной доставки достаточно известны, из них наиболее изученными считаются липосомы [7], антитела [5] и наночастицы [6]. Однако эффективность целевой доставки зависит от очень многих факторов, что приводит к более или менее равномерному распределению терапевтических средств в организме.

Поэтому средства направленной доставки постоянно совершенствуются. К таким усовершенствованным средствам можно отнести феррогели – полимерные биоразлагаемые гели с магнитными наночастицами, считающиеся перспективным направлением в данной области исследований. С одной стороны, магнитные наночастицы сами по себе применяются в медицине, например для МРТ-диагностики, доставки лекарственных препаратов с контролируемым высвобождением, моделирования локальной гипертермии и т.д.[6]. С другой стороны, композит из гидрогеля и магнитных частиц открывает перспективы в разработке магнитно контролируемых биосовместимых материалов для нужд биомедицины. Особенностью феррогелей можно считать простоту использования – гель в виде микрочастиц, введенный внутривенно, будет накапливаться в избранной области тогда, когда она будет подвержена воздействию достаточной силы магнитного поля, создаваемого магнитом. При этом не потребуются специфические агенты, доставляющие активное вещество или клетки к конкретным целям. Под действием магнитного поля, феррогель может контролируемо отдавать лекарственные препараты или клетки, выдавливая их, сжимаясь как губка [4,67-72]. Инициация механизма высвобождения лекарственных веществ может быть запущена также высокочастотным магнитным полем, при котором металлические частицы будут нагреваться [8]. Кроме того, гель предотвращает окисление металлических частиц с последующей локальной интоксикацией окислами, что ставит использование феррогелей в число перспективных средств для таргетной доставки.

Цель исследования – провести анализ адгезионных свойств феррогеля на основе полиакриламидного гидрогеля с различными концентрациями наночастиц оксида железа.

Материалы и методы исследования

Исследование проведено на культуре клеток дермальных фибробластов человека (5-й пассаж), полученной от клинически здорового донора 40 лет на основании предварительного информированного согласия. Первичную культуру получали методом ферментативной дезагрегации ткани с использованием коллагеназы (Sigma Aldrich, USA).

Субстратом для посадки клеток являлся полиакриламидный гель, представляющий собой гидратированную трехмерную сетку из нитей полиакриламида.

Исследуемые образцы включали 6 групп: первая группа – гель без наночастиц оксида железа (0%), во второй группе концентрация наночастиц оксида железа составила 0,25%, в третьей – 0,5%, в четвёртой – 0,75%, в пятой – 1%, шестая группа – контрольная (пассаж клеток на культуральный пластик соответствующей площади).

Для оценки адгезионных свойств полимерного материала определяли индекс адгезии. С этой целью клетки высаживали на 96-ти луночный планшет (Orange Scientific, Belgium), донная часть лунок которого предварительно покрывалась гелем с различной концентрацией наночастиц оксида железа. Количество повторностей в каждой группе – 8.

Посевная концентрация – $4 \cdot 10^3$ клеток на лунку. Культуральная среда – DMEM/Ham F-12 (Sigma Aldrich, USA) с 10% фетальной бычьей сывороткой (Sigma Aldrich, USA). После пассажа клеточные культуры инкубировали при 37°C, 5% CO_2 и 95% влажности в инкубаторе Sanyo 18AIC (Japan) в течение 6 часов. По прошествии этого времени культуры отмывали от незакрепившихся клеток раствором DPBS (Sigma Aldrich, USA). Адгезированные клетки исследовали микроскопически с использованием микроскопа ZOE (Bio-Rad, USA), фотодокументировали и снимали с поверхности 0,25% раствором трипсин-версена. Клетки подсчитывали на автоматическом счётчике клеток (Scepter, USA). Индекс адгезии, выраженный в процентах, определяли как отношение количества закрепившихся клеток к посевной концентрации, умноженное на 100.

Статистическую обработку данных проводили в программе RStudio (Version 0.99.903 – © 2009-2016 RStudio, Inc.). Для сравнения групп применяли непараметрический критерий Манна-Уитни. Взаимосвязь переменных оценивали по коэффициенту корреляции Спирмена.

Результаты исследования и их обсуждение

При микроскопии адгезированных к поверхности геля клеток были определены морфологические различия. Так, при использовании геля без включения наночастиц оксида железа, закрепившиеся клетки оставались преимущественно ошаренными, а с повышением концентрации наночастиц регистрировалось увеличение доли клеток нормальной веретеновидной формы.

Сравнительно низкий индекс адгезии был получен на геле без наночастиц составивший, в среднем, 82,8% (табл. 1). С повышением концентрации наночастиц наблюдалось возрастание адгезионных свойств исследуемого материала (рис. 1). Более того, при концентрации оксида железа 1% индекс адгезии достигал 98,6%, что статистически не отличается от контрольной группы (99,1%) с адгезией клеток на культуральном пластике (критерий Манна-Уитни, w = 19, p = 0,19 – табл. 1).

Также количественно оценивали взаимосвязь индекса адгезии с концентрацией наночастиц оксида железа (от 0 до 1%) в полимерном материале. Непараметрический коэффициент Спирмена продемонстрировал высокую положительную корреляцию между этими переменными и составил в данном случае 0,705 (s = 2694,4; p = 7,681e-07).

Таблица 1.
Средние значения адгезии для исследуемых групп и сравнение опытных групп с контрольной по непараметрическому критерию Манна-Уитни(в расчетах дополнительно использовались доверительные интервалы).

Группа	Среднее значение	U-критерий(w, p)
Контрольная	99.102245	-
Гель - 0% Fe2O3	82.789375	0, 0.0001554
Гель - 0.25% Fe2O3	91.12498571	0, 0.0003108
Гель - 0.5% Fe2O3	93.97357113	12, 0.03792
Гель - 0.75% Fe2O3	95.95826286	5, 0.005905
Гель - 1% Fe2O3	98.57999145	19, 0.1949

Представляется важным, что отсутствие выраженного цитотоксического эффекта может свидетельствовать о том, что наночастицы, закрепленные в кристаллической решетке геля, не способны в свободной форме выходить в культуральную среду и оказывать повреждающее действие на клетки.

Таким образом, полученные результаты свидетельствуют о различиях адгезионных свойств геля, зависящих от концентрации наночастиц оксида железа. Вероятно, наблюдаемые эффекты связаны с тем, что наличие в структуре геля наночастиц оксида железа изменяет конформацию поверхности геля и, тем самым, улучшает адгезию фибробластов к полимерному материалу. Вероятно, не последнюю роль играет и магнитный момент, создаваемый частицами в геле. Вне зависимости от того какой из этих факторов или их сочетания оказывают влияние на полученный результат, увеличение концентрации наночастиц в геле приводит к возрастанию адгезии клеток к феррогелям. В целом, полученные результаты хорошо согласуются с данными других исследователей. Так, ранее была установлена слабая адгезия клеток к полиакриламидному гелю [2,29-46], однако было показано, что нагрузка гидрогеля наночастицами Fe2O3 способствует адгезии и пролиферации клеток остеобластов и хондроцитов[3,318-325], другие авторы отмечали аналогичные результаты с различными типами клеток[1,256].

Выводы:

1. Высокие адгезионные свойства к клеткам фибробластического дифферона дают основание характеризовать синтезированный материал как перспективный для дальнейшего изучения.

2. Адгезия клеток к феррогелю тем выше, чем больше в нем концентрация наночастиц оксида железа.

ЛИТЕРАТУРА

1. Pareta R.A., Taylor E., Webster T.J. Increased osteoblast density in the presence of novel calcium phosphate coated magnetic nanoparticles. Nanotechnology 2008, Vol.19 pp.265
2. Pelham RJ, Wang Y-L (1997) Cell locomotion and focal adhesions are regulated by substrate flexibility. Proc Natl Acad Sci USA 94: 13661-13665. Kandow CE, Georges PC, Janmey PA, Beningo KA (2007) Polyacrylamide hydrogels for cell mechanics: steps toward optimization and alternative uses. Methods in Cell Biology, Vol.83. pp.29-46
3. Ruixia Hou, Guohua Zhanga, Gaolai Dua, Danxia Zhanb, Yang Congb, Yajun Chenga, Jun Fua Magnetic nanohydroxyapatite/PVA composite hydrogels for promoted osteoblast adhesion and proliferation Colloids and Surfaces B: Biointerfaces vol.103 (2013) pp.318-325
4. Zhao X., Kim J., Cezar C.A., Huebsch N., Lee K., Bouhadir K.,. Mooney D. J. Active scaffolds for on-demand drug and cell delivery // Proceedings of the National Academy of Sciences 2011. том 108, №1, с.67–72 URL: http://www.pnas.org/content/108/1/67.full.pdf (дата обращения: 13.03.2017)
5. Ивонин А. Г., Пименов Е. В., Оборин В. А., Девришов Д. А., Копылов С. Н. Направленный транспорт лекарственных препаратов: современное состояние вопроса и перспективы // Известия Коми НЦ УрО РАН. 2012. №1 (9). URL: http://cyberleninka.ru/article/n/napravlennyy-transport-lekarstvennyh-preparatov-sovremennoe-sostoyanie-voprosa-i-perspektivy (дата обращения: 13.03.2017).
6. Першина А. Г., Сазонов А. Э., Мильто И. В. Использование магнитных наночастиц в биомедицине // Бюллетень сибирской медицины. 2008. №2. URL: http://cyberleninka.ru/article/n/ispolzovanie-magnitnyh-nanochastits-v-biomeditsine (дата обращения: 13.03.2017).
7. Райков А.О., Хашем А., Барышникова М. А. Липосомы для направленной доставки противоопухолевых препаратов // Российский биотерапевтический журнал. 2016. №2. URL: http://cyberleninka.ru/article/n/liposomy-dlya-napravlennoy-dostavki-protivoopuholevyh-preparatov (дата обращения: 13.03.2017)
8. Черкасова О. Г., Шабалкина Е. Ю., Харитонов Ю. Я., Цыбусов С. Н., Коченов В. И. Использование мелкодисперсных железосодержащих композитов в лечении и диагностике: достижения и проблемы // Соврем. технол. мед.. 2012. №3. URL: http://cyberleninka.ru/article/n/ispolzovanie-melkodispersnyh-zhelezosoderzhaschih-kompozitov-v-lechenii-i-diagnostike-dostizheniya-i-problemy (дата обращения: 13.03.2017).

Кучерова А.А. лаборант-исследователь отдела молекулярных и клеточных технологий ФГБОУ ВО УГМУ Минздрава России, nastya.kucherova.14@mail.ru, **Мелехин В.В.**, младший научный сотрудник института медицинских клеточных технологий, ассистент кафедры биологии ФГБОУ ВО УГМУ Минздрава России,, **Сичкар Д.А.**, старший лаборант кафедры биологии ФГБОУ ВО УГМУ Минздрава России, **Коротков А.В.**, к.м.н., доцент кафедры биологии ФГБОУ ВО УГМУ Минздрава России, в.н.с. института медицинских клеточных технологий, **Костюкова С.В.**, к.б.н., доцент кафедры биологии ФГБОУ ВО УГМУ Минздрава России, **Сатонкина О.А., к.б.н.**, старший преподаватель кафедры биологии ФГБОУ ВО УГМУ Минздрава России, с.н.с. института медицинских клеточных технологий, **Макеев О.Г.**, д.м.н., проф., зав. кафедрой биологии ФГБОУ ВО УГМУ Минздрава России, зав. лабораторией технологий клеточной и генной терапии института медицинских клеточных технологий

ВЛИЯНИЕ ГИПЕРЭКСПРЕССИИ KLOTHO НА ХАРАКТЕРИСТИКИ РОСТА КУЛЬТУРЫ КЛЕТОК ГЛИОМЫ ЧЕЛОВЕКА

Аннотация. В статье представлены результаты исследований, проведенных на культуре клеток глиомы человека линии А-172. В клетках индуцировали гиперэкспрессию гена Klotho. Отмечали влияние гиперэкспрессии на жизнеспособность клеток. Зарегистрировано достоверное снижение исследуемых параметров опухолевых клеток при влиянии гиперэкспресии Klotho.

Ключевые слова: Клото, глиома, А-172.

Ген Klotho, идентифицированный еще в 1997 году [7], как ген антистарения, в настоящее время активно изучается как супрессор опухолевого роста. В ряде исследований было продемонстрировано, что гиперэкспрессия гена подавляет пролиферацию и индуцирует апоптоз опухолевых клеток различных линий. Так, положительные результаты были получены при изучении действия Klotho на культуру клеток рака молочной железы [5], рака легкого [1] и др. В данной работе приведены результаты оценки жизнеспособности клеток глиомы человека линии А-172 в низкой посевной концентрации в условии гиперэкспрессии Klotho. Настоящие исследования продолжают наши работы, в которых показано, что гиперэкспрессия Klotho ингибирует пролиферативную активность в культуре клеток рабдомиосаркомы человека, а также снижает концентрацию нуклеиновых кислот в клетках и интенсивность их синтеза [9].

Цель исследования – оценить влияние индуцированной невирусным вектором гиперэкспрессии секретируемой формы гена Klotho на выживаемость в культуре клеток глиомы человека линии А-172.

Материалы и методы исследования

Исследования проведены на культуре клеток глиомы человека линии А-172 [6], имеющей эктодермальное происхождение, культивируемой в среде DMEM/HamF-12 (SigmaAldrich, США), содержащей 10% бычьей фетальной сыворотки (SigmaAldrich, США). Условия инкубирования: 5% CO_2, 37°C и 95 % влажности. Исследования включали две группы: опытную и контрольную. В опытной группе моделировали гиперэкспрессию гена Klotho за счет трансфекции плазмидой с геном секретируемой формы белка Klotho, контрольная группа оставалась без генетической коррекции. Плазмиду с помощью набора (zymoresearch, D4015) выделяли из культуры E. coli, предоставленной лабораторией доктора Hal Dietz Университета Джона Хопкинса (США) в рамках договора о межвузовском сотрудничестве. Для трансфекции использован комплекс поликатионных липидов Escort III (SigmaAldrich, США). Соотношение ДНК к липидам в трансфекционной смеси: 1 мкг на 1 мкл, соответственно. Контрольная группа подвергалась действию поликатионных липидов в той же концентрации, но без ДНК. Культуру высаживали на три 96-луночных планшета (Orange, Бельгия) и инкубировали в течении 12 часов. После этого подвергли липосомальной транфекции плазмидой с полезным геном секретируемой формы Klotho. Трансфецированные культуры инкубировали в течение 8 часов, затем среду в культуральных флаконах меняли на стандартную ростовую и помещали в инкубатор на 24, 48 и 72 часа. Далее планшеты выводили для проведения МТТ-теста. Данный тест был осуществлен с использованием коммерческого набора (TOX1-1KT, SigmaAldrich, США) в соответствии с рекомендациями производителя.

В ходе работы из лунок планшетов с клетками А-172 удаляли культуральную среду, а затем в каждую лунку добавляли по 20 мкл красителя (M5655, SigmaAldrich, США) и возвращали в инкубатор на 4 часа. По истечении данного времени в лунки добавляли лизирующий раствор (M8910, SigmaAldrich, США) объемом 200 мкл, а затем пипетировали до полного растворения кристаллов красителя. Далее на вертикальном спектрофотометре (Multiskan GO, Thermo Scientific, Финляндия) оценивали оптическую плотность полученных растворов при длинах волн: 570 и 690 нм. Результат определяли как разность оптической плотности. Оценивали количество лунок с выжившими клетками, в которых полученные результаты разницы оптической плотности превышали пороговое значение в 0,1 ($OD_{570-690}$).

Все полученные данные подвергались статистической обработке на программе RStudio (Version0.99.491 – RStudio, Inc.). Достоверная разница различий подтверждалась точным критерием Фишера. Значение p <0.05 считали статистически значимым.

Результаты исследования и их обсуждение
В первые 24 часа достоверной разницы между контрольной и опытной группами не выявлено (табл. 1). Однако через 48 часов обнаруживаются статистически достоверные различия между исследуемыми группами. Так, количество жизнеспособных клеточных культур в опытной и контрольной группах – 8 и 19, нежизнеспособных – 22 и 11, соответственно (p <0,01). Через 72 часа после трансфекции оказалось, что жизнеспособных культур в опытной группе только две, в контрольной – 15, нежизнеспособных - 30 и 18 в трансфецированной и контрольной группах соответственно (p <0,001). Таким образом, в соответствии с полученными результатами мы можем сделать вывод, что в опытной группе, по сравнению с контрольной, существенно снижена жизнеспособность культур, подвергшихся индукции гиперэкспрессии Klotho.

Немаловажным является тот факт, что в опытной группе с течением времени жизнеспособность клеток значительно снижается. И если через 48 часов после трансфекции количество жизнеспособных и нежизнеспособных в контрольной группе по сравнению с опытной не имеет статистически достоверной разницы, то статистически достоверные различия на 48 и 72 часа в количестве жизнеспособных культур опытной группы свидетельствует об уменьшении жизнеспособности клеток.

Таблица 1
Количество жизнеспособных ($OD_{570-690}$ >0, 1) и нежизнеспособных ($OD_{570-690}$ <0, 1) культур в опытной и контрольной группах с временным интервалом 24, 48 и 72 часа (** - p <0,01, ***p <0,001)

	Опыт		Контроль	
	Жизнеспособные	Нежизнеспособные	Жизнеспособные	Нежизнеспособные
24 часа	2	28	1	29
48 часов	8**	22**	19	11
72 часа	2***	30***	15	18

Таким образом, индуцированная гиперэкспрессия Klotho способствовала снижению выживаемости клеточных культур в опытной группе по сравнению с контрольной.

О полученных нами результатах свидетельствуют и данные литературы. Так, например, на клеточной линии рака легких А-549 было показано, что индуцированная гиперэкспрессия гена Klotho ингибирует пролиферацию клеток и стимулирует апоптоз. В связи с этим было выдвинуто предположение о влиянии Klotho на Bax и Bcl-2 – гены, оказывающие влияние на апоптотические механизмы в клетке [2]. Также было показано участие сигнального пути Wnt-TCF/бэта-катенин в klotho-индуцированной супрессии опухолевого роста [4,8]. Примечательно, что сигнальные пути, подверженные влиянию Klotho как супрессора опухолевого роста, являются общими в развитии многих онкологических заболеваний. Принимая во внимание вышеизложенное, можно также сделать предположение, что значительный эффект продуктов экспрессии гена Klotho реализуется именно через сигнальные пути, в частности Wnt-TCF/бэта-катенин, что объясняет различное влияние белков Klotho на нормальные и опухолевые клетки, уровень которого в последних достоверно ниже, чем в нормальных [2].

Также представляется возможным, что с противоопухолевым действием Klotho может быть непосредственно связан и неканонический белок Wnt 5A, высокий уровень которого не только определяет агрессивное течение злокачественного заболевания, но и способствует увеличению метастазирования и повышению активности опухолевых клеток, что было показано на примере меланомы [3].

Выводы:

1. Гиперэкспрессия гена Klotho снижает жизнеспособность клеток глиомы человека.

2. Снижение жизнеспособности культуры клеток глиомы человека линии А-172 может быть обусловлено ингибированием клеточной пролиферации и стимуляцией апоптоза.

3. Изучение механизмов действия Klotho на организм, как в нормальных, так и в патологических условиях может в значительной степени обеспечить принципиально новый подход к диагностике и лечению онкологических заболеваний.

ЛИТЕРАТУРА

1. Chen B. Klotho inhibits growth and promotes apoptosis in human lung cancer cell line A549 //Journal of Experimental & Clinical Cancer Research. – 2010. – Т. 29. – №. 1. – С. 1.

2. Chen B, Wang X, Zhao W, Wu J. Klotho inhibits growth and promotes apoptosis in human lung cancer cell line A549. J Exp Clin Cancer Res. 2010. 19; 29: 99.

3. Camilli TC, Xu M, O'Connell MP, Chien B, Frank BP, Subaran S, Indig FE, Morin PJ, Hewitt SM, Weeraratna AT. Loss of Klotho during

melanoma progression leads to increased filamin cleavage, increased Wnt5A expression, and enhanced melanoma cell motility //Pigment cell & melanoma research. – 2011. – Т. 24. – №. 1. – С. 175-186.

4. Chen B, Ma X, Liu S, Zhao W, Wu J. Inhibition of lung cancer cells growth, motility and induction of apoptosis by Klotho, a novel secreted Wnt antagonist, in a dose-dependent manner //Cancer biology & therapy. – 2012. – Т. 13. – №. 12. – С. 1221.

5. Gomis R.R. C/EBPβ at the core of the TGFβ cytostatic response and itsevasion in metastatic breast cancer cells //Cancer cell. – 2006. – Т. 10. – №. 3.– С. 203-214.

6. Giard D. J. et al. In vitro cultivation of human tumors: establishment of cell lines derived from a series of solid tumors //Journal of the National Cancer Institute. – 1973. – Т. 51. – №. 5. – С. 1417-1423.

7. Kuro-o M. Mutation of the mouse klotho gene leads to a syndrome resembling ageing //nature.– 1997. – Т.390. – №6655. – С.45-51.

8. Sun H, Gao Y, Lu K, Zhao G, Li X, Li Zh, Chang H. Overexpression of Klotho suppresses liver cancer progression and induces cell apoptosis by negatively regulating wnt/β-catenin signaling pathway //World journal of surgical oncology. – 2015. – Т. 13. – №. 1. – С. 1.

9. Сичкар Д.А., Мелехин В.В., Макеев О.Г. Влияние гиперэкспрессии Klotho на синтез нуклеиновых кислот в культуре клеток эмбриональной рабдомиосаркомы человека // Актуальные вопросы современной медицинской науки и здравоохранения: Материалы I Международной (71 Всероссийской) научно-практической конференции молодых учёных и студентов [Электронный ресурс], Екатеринбург, 13-15 апреля 2016 г. – Екатеринбург: Изд-во УГМУ, 2016. – Том 1. – 1189 с. – ISBN 978-5-89895-776-6. – с 1132-1138.

Потт А. Б., Компанец Г. Г. Иунихина О. В.
Федеральное государственное бюджетное научное учреждение «Научно-исследовательский институт эпидемиологии и микробиологии имени Г.П. Сомова», Владивосток

ОСОБЕННОСТИ РАЗМНОЖЕНИЯ ШТАММОВ ОРТОХАНТАВИРУСОВ HANTAAN И SEOUL НА КУЛЬТУРЕ КЛЕТОК

Введение.

Ортохантавирусы это РНК-содержащие вирусы рода *Orthohantavirus* (семейство *Hantaviridae,* порядок *Bunyavirales)*, которые, преимущественно, циркулируют в популяциях грызунов и вызывают у людей две нозологические формы инфекции: геморрагическую лихорадку с почечным синдромом (ГЛПС) и хантавирусный сердечно-легочный синдром (ХСЛС). До настоящего времени на территории Дальнего Востока России роль в патологии человека доказана для двух ортохантавирусов *Seoul* и *Hantaan*, включая вариант *Amur*, который ранее рассматривался как отдельный вирус, на основании существенных различий генетических, антигенных и биологических свойств [1, 392; 2, 40; 3, 130].

Цель. Сравнить динамику размножения штаммов патогенных ортохантавирусов, циркулирующих в Приморском крае, на культуре клеток Vero E6.

Материалы и методы. Изучение динамики размножения штаммов ортохантавирусов серотипов *Hantaan*, *Seoul* и геновариант *Amur* проводилось in vitro с использованием перевиваемой культуры клеток Vero E6. В работе использовались штаммы ортохантавирусов серотипа *Hantaan* (A.a.87316, Ht 76-118), геноварианта *Amur* (А.р.19788, А.р.25795), серотипа *Seoul* (Seo 80-39, SR-11) из рабочей коллекции лаборатории хантавирусных инфекций НИИ эпидемиологии и микробиологии им. Г. П. Сомова.

Для определения титра вирусов использовали реакцию титрования вируссодержащей жидкости под полужидким покрытием. [4] В лунки 24-х луночного планшета с монослоем клеток Vero E6 вносили в дозе 0,2 мл исследуемые вирусы, после контакта в течении часа при 37°С инокулят сливали и вносили по 1,0 мл полужидкого покрытия 0,6% карбоксиметилцеллюлозы (МКЦ) + 2% сыворотки крупного рогатого скота (КРС). Через 8-10 дней инкубации в CO_2-инкубаторе полужидкое покрытие сливали, клетки промывали один раз 0,85% раствором NaCl и фиксировали абсолютным спиртом. После удаления фиксатива клетки отмывали 0,85% раствором NaCl (3х10 минут). Затем вносили сыворотку реконвалесцента ГЛПС с исходным титром антител 1:2048, в разведении 16 – 32 ед. по 200 мкл/лунку. После инкубации монослой отмывали (3х5 минут) раствором фосфатно-солевого буфера (ФСБ), содержащим 1% Твин-20, и вносили меченный пероксидазой белок «А» 200 мкл/лунку на 60 мин. при 37^0 С. Затем монослой отмывали 0,85% раствором NaCl (3х5 минут). Для выявления фокусов в лунки вносили по 400 мкл субстрата, содержащего 3,3'диаминобензидин, 0,6% раствор $NiCl_2$ и H_2O_2. Фокусы проявлялись в течение 5-15 минут, после чего панель промывали проточной водой, подсушивали и подсчитывали количество фокусов. Титр вируса выражали в десятичных логарифмах фокусообразующих единиц (ФОЕ), рассчитывая по количеству фокусов, образованных при внесении в лунку 1,0 мл вируса (lg ФОЕ/1,0 мл).

Для определения динамики размножения ортохантавируса в культуре клеток и титра вирусов по тканевой клеточной инфекционной дозе (ТКИД) использовалась методика культивирования вирусов в планшете на покровных стеклах: на дно 24-х луночного плоскодонного планшета погружали покровные стекла, вносили клеточную суспензию по 1 мл (концентрация клеток 70 000 кл/мл). Выращивали клетки до образования монослоя в условиях CO_2 инкубатора. Затем удаляли среду, вносили вирус в дозе 0,2 мл в исследуемых разведениях и оставляли для контакта на 1 час при 37°С, затем вносили поддерживающую среду (ИГЛА МЭМ+199 среда+3,5% сыворотки крупного рогатого скота). В установленные в эксперименте дни (3, 5, 7, 9, 12 день) для определения титра из планшета извлекали стекла, фиксировали спиртом. Оценка проводилась по количеству антиген-содержащих клеток в непрямом методе флюоресцирующих антител (НМФА). Титр вируса выражали в lg ТКИД/1,0 мл.

Результаты. На первых этапах размножения ортохантавируса в культуре клеток Vero E6 (1-5 день) обнаружение вируса возможно только по результатам НМФА, количество антиген-содержащих клеток варьировало от единичных клеток/поле зрения до 1-3% в зависимости от исследованного штамма. На данном временном этапе фокусы не обнаруживали. Штаммы A.a. 87316, Ht 76-118 и А.р. 25795 характеризовались более быстрой репликативной способностью, антиген данных штаммов в клетках обнаруживался со 2-3 дня после инфицирования (п.и.), антиген штаммов Seo 80-39, SR-11 и А.р. 19788 обнаруживался с 4-6 дня п.и. (рис. 1)

Рис. 1 – Динамика размножения разных типов ортохантавирусов на культуре клеток Vero E6

Титр штаммов вируса *Amur* по ТКИД составил к 12 дню после инфицирования 5,0 lg (штаммы А.р. 19788 и А.р. 25795), вируса *Hantaan*

4,0 lg и 4,5 lg (A.a. 87316 и Ht 76-118, соответственно) и вируса *Seoul* 2,4 lg и 3,0 lg (штаммы Seo 80-39 и SR-11, соответственно).

Фокусы (скопления инфицированных клеток) под полужидким покрытием формировались у исследованных штаммов примерно с 6-7 дня п.и. (серотипы *Hantaan* и *Seoul*) и с 8-11 дня (серотип *Amur*). Титр штаммов вируса *Hantaan* к 7 дню составлял: 3,0 lg (A.a. 87316) и 3,3 lg (Ht 76-118), штаммов вируса *Seoul*: 2,8 lg (Seo 80-39) и 2,3 lg (SR-11). Титр штаммов вируса *Amur* к 11 дню составил: 2,0 lg (A.p. 19788) и 2,2 lg (A.p. 25795), титр же некоторых штаммов серотипов *Hantaan* и *Seoul* к этому сроку незначительно уменьшился до 3,0 lg (Ht 76-118), 2,6 lg (Seo 80-39) и 2,0 lg (SR-11), что характерно для волнового характера размножения хантавирусов в культуре клеток. [5, 1329] (рис. 2)

Рис. 2 – Различия в величинах титра разных ортохантавирусов

Полученные результаты свидетельствуют о различной динамике размножения вирусов серотипов *Hantaan* и *Seoul* в культуре клеток Vero E6. Так, размножение штаммов вируса *Seoul* проходило несколько медленнее, чем штаммов вируса *Hantaan*, и приводило к более низким титрам. В тоже время два штамма вируса *Amur* не были сходны между собой, что говорит о большой неоднородности этой группы штаммов.

Список литературы

1. Слонова Р. А., Астахова Т. И., Ткаченко Е. А., Дзагурова Т. К. Серотипы хантавируса, циркулирующие в очагах Дальневосточного региона СССР // *Вопросы вирусологии*. 1990; 5:391-393

2. Yashina L.N., Patrushev N.A., Ivanov L.I., Slonova R.A., Mishin V.P., Kompanets G.G., Zdanovskaya N.I., Kuzina I.I., Safronov P.F., Chizhikov V.E., Schmaljohn C., Netesov S.V. Genetic and serological diversity of hantaviruses associated with HFRS in the Far East of Russia // Arch. Virol.- 2000. - № 70 (1-2). - C. 31-44.

3. Lokugamage K, Kariwa H, Lokugamage N, Miyamoto H, Iwasa T, Hagiya T, Araki K, Tachi A, Mizutani T, Yoshimatsu K, Arikawa J, Takashima I. Genetic and antigenic characterization of the Amur virus associated with hemorrhagic fever with renal syndrome//Virus Research.-2004.-Vol.101, №2. - P.127-134

4. Lee P., Gibbs C., Gajdusek D., et al. // J. of Clin. Microbiol. – 1985. – Vol.22, N 6. - P. 940-944.

5. Meyer B.J., Schmaljohn C. Accumulation of Terminally Deleted RNAs May Play a Role in Seoul Virus Persistence//Journal of Virology.-2000.-Vol.74,№3.-p. 1321-1331.

Гриневич А.С., Краева М.Н., Блохин Д.Ю., Иванов П.К.
к.м.н., НИИ ЭДиТО ФГБУ «НМИЦ онкологии имени Н.Н. Блохина» Минздрава России, Москва. agrinevich@mail.ru

ПОЛУЧЕНИЕ КОНЪЮГАТОВ МОНОКЛОНАЛЬНЫХ АНТИТЕЛ СЕРИИ ИКО С ФИКОЭРИТРИНОМ ДЛЯ АНАЛИЗА КЛЕТОЧНЫХ СУБПОПУЛЯЦИЙ МЕТОДОМ ПРОТОЧНОЙ ЦИТОМЕТРИИ

Использование флуоресцентных конъюгатов моноклональных антител является мощным инструментом как для научных исследований в области онкологии, иммунологии, эпидемиологии, так и в клинической практике для фенотипирования клеток крови у больных лейкозами, ВИЧ-инфекцией, пациентов, нуждающихся в трансплантации органов и тканей. В онкологическом научном центре имени Н.Н. Блохина создана широкая панель мышиных моноклональных антител (МКАТ) IgG класса серии ИКО к антигенам лейкоцитов, специфичным для Т- и В-лимфоцитов, NK-клеток, гранулоцитов, моноцитов, стволовых гемопоэтических клеток, клеток-предшественников лимфоцито- и миелопоэза, к активационным антигенам. Получение стандартных конъюгатов этих МКАТ с флуорохромами является актуальной задачей для проведения анализа популяций лейкоцитов человека методом проточной цитометрии. Для получения таких конъюгатов широко применяются фикобилины. Основными подходами для получения конъюгатов иммуноглобулинов с фикобилинами являются методы синтеза на основе бифункциональных агентов: сукцинимидил-4-[N-малеимидометил]-циклогексан-1-карбоксилат (SMCC) и N-сукцинимидил-3-(2-пиридилдитио)-пропионат (SPDP). Целью данной работы явился анализ особенностей конъюгирования МКАТ серии ИКО с фикоэритрином (ФЭ) для применения в проточной цитометрии. В задачи исследования входило сравнение двух методов конъюгирования МКАТ серии ИКО с ФЭ, а так же анализ методов подготовки МКАТ для проведения синтеза.

1. Методы фракционирования МКАТ.

Успешное проведение конъюгации ФЭ с IgG в значительной степени определяется исходной чистотой и целостностью молекул IgG [1, 2]. С этой целью выделение МКАТ из асцитной жидкости проводили следующими методами.

а) Фракционирование МКАТ на белке G. 5-10 мл асцитной жидкости осветляли центрифугированием 60 мин при 4000 об/мин. Асцитную жидкость разводили равным объемом натрий-фосфатного буфера (PBS) и оставляли на ночь при +4°С. После повторного осветления центрифугированием, асцитную жидкость фильтровали через фильтр с размером пор 0,45 мкм и наносили на колонку HiTrap Protein G, уравновешенную PBS. Хроматографию проводили на хроматографе ÄKTA purifier 10. Скорость потока составляла 3 мл/мин, выход белковых продуктов оценивали денситометрией при 280 нм. Нанесенный на колонку материал тщательно отмывали PBS, до значений оптической плотности на выходе из колонки менее 0.002 ОЕ. На отмытую от не связавшегося материала колонку наносили 0,1 М глицин-HCl буфер, pH 3,0, и собирали выходящие белковые фракции. pH выходящего элюата доводили до 7,5-8,0 с помощью 1М Трис-HCl буфера с pH 9,0. Собранные фракции объединяли, определяли концентрацию белка, переводили в PBS-ЭДТА (PBS с 1 мМ EDTA) и концентрировали до 8 – 12 мг/мл.

б) Фракционирование МКАТ на анионообменном сорбенте Mono Q проводили, как описано ранее [2, 100]. Чистоту полученной фракции IgG определяли электрофорезом в SDS-ПААГ по Лэммли [3, 680].

в) Фракционирование МКАТ на колонке Superdex 200 проводили, как описано ранее [2, 101].

2. Конъюгирование. В научной литературе и коммерческих наборах для получения флуоресцентных конъюгатов МКАТ с ФЭ проводят двумя методами, различающимися механизмом формирования ковалентной связи и характером образующегося спейсера [9,1; 4,1583; 5,982; 1,1].

Метод 1 конъюгирования МКАТ с ФЭ [1,1; 6,2; 7,2; 8,2] схематично представлен на Рис. 1.

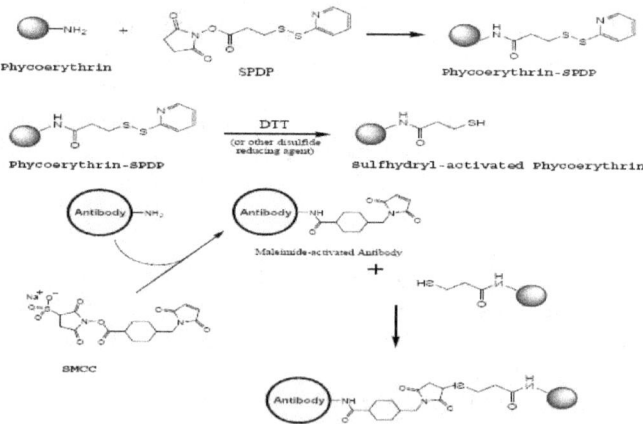

Рис. 1. Схема метода 1 синтеза флуоресцентного конъюгата МКАТ с ФЭ. Для конъюгирования использовали 300-350 мкг МКАТ (с исходной концентрацией 8 – 12 мг/мл в PBS-ЭДТА) и 1 мг ФЭ. Данные количества МКАТ и ФЭ соответствуют молярному соотношению 1:2. ФЭ растворяли

в 0,5 мл PBS-ЭДТА, добавляли 16 мкл р-ра SPDP в диметилсульфоксиде (DMSO) с концентрацией 1,33 мг/мл и инкубировали в пробирке, обернутой фольгой, при комнатной температуре на роторном смесителе в течение 2,5 ч. За 0,5 ч до окончания инкубации МКАТ разводили PBS-ЭДТА до концентрации ок. 2,5 мг/мл и добавляли 5 мкл раствора SMCC в DMSO в концентрации 1,75 мг/мл. Смесь оставляли в пробирке, обернутой фольгой при комнатной температуре с периодическим встряхиванием на 1 час. По завершению инкубации ФЭ, к нему добавляли 30 мкл 0,5 М раствора дитиотрейтола (DTT) в PBS-ЭДТА и инкубировали еще 0,5 ч при тех же условиях. По окончании инкубации модифицированные ФЭ и МКАТ освобождали от продуктов реакции и не прореагировавших реагентов на колонках PD-10 против PBS-ЭДТА. Полученные с колонок очищенные дериваты ФЭ и МКАТ объединяли и инкубировали при +4°C в пробирке, обернутой фольгой, на роторном смесителе в течение 16-18 ч. Реакцию останавливали добавлением 40 мкл 0,1 мМ раствора N-этил малеимида (NEM) в DMSO с последующей инкубацией при комнатной температуре на роторном смесителе (45 мин). Полученный продукт (конъюгат) концентрировали на Centricon 30 до объема 0,5 – 0,6 мл и фильтровали на насадках Spin-X.

Метод 2 конъюгирования МКАТ с ФЭ [9,1; 6,2; 7,2; 8,2] не предполагает использования бифункционального агента SPDP (Рис 2).

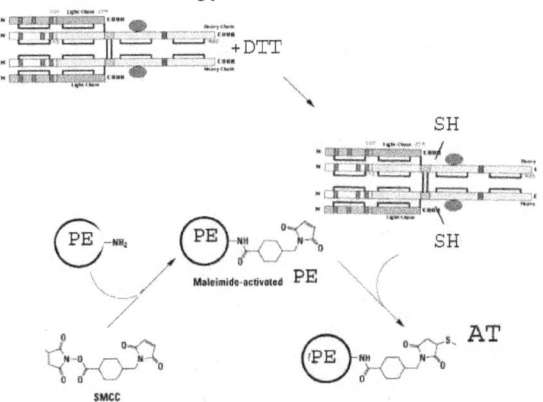

Рис. 2. Схема метода 2 синтеза флуоресцентного конъюгата МКАТ с ФЭ.

Для мечения использовали 300-350 мкг МКАТ (с исходной концентрацией 8 – 12 мг/мл в PBS-ЭДТА) и 1 мг ФЭ. ФЭ растворяли в 0,5 мл PBS-ЭДТА и добавляли к нему 12 мкл р-ра SMCC в DMSO в концентрации 10 мг/мл, после чего инкубировали смесь в пробирке, обернутой фольгой, при комнатной температуре на роторном смесителе 1,0 ч. За 0,5 ч до окончания инкубации МКАТ разводили PBS-ЭДТА до концентрации ок. 4

- 5 мг/мл и добавляли к ним 8 мкл 0,25 М р-ра DTT в PBS-ЭДТА, инкубировали 0,5 ч в пробирке, обернутой фольгой, при комнатной температуре с периодическим встряхиванием. После завершения инкубации, модифицированные ФЭ и МКАТ освобождали от продуктов реакции и не прореагировавших реагентов на колонках PD-10 против PBS-ЭДТА. Полученные с колонок очищенные дериваты ФЭ и МКАТ объединяли в пробирке, обернутой фольгой, и инкубировали при +4°C на роторном смесителе в течение 16-18 ч. Реакцию останавливали добавлением 6 мкл р-ра NEM в DMSO (5 мг/мл). Полученный продукт (конъюгат) концентрировали на Centricon 30 до объема 0,5 – 0,6 мл и фильтровали на насадках Spin-X.

3. Разделение продуктов конъюгации. Материал, полученный по методам 1 и 2, наносили на колонку Superdex-200 10/300, уравновешенную PBS, и проводили разделение на хроматографе ÄKTA purifier 10 при скорости потока 0,5 мл/мин. Продукты хроматографического разделения определяли денситометрией элюата при длинах волн 280 и 565 нм. Фракции собирали объемом по 1 мл. Собранные фракции анализировали на соотношение ФЭ / IgG («плотность метки») [10,5].

Молярная концентрация флуорофора:
$[R\text{-ФЭ}] = (A_{max}/1960000) * \text{фактор разведения}$

Молярная концентрация иммуноглобулина:
$[IgG] = [(A_{280 \text{ нм}} - 0.18 \times A_{565 \text{ нм}})/203000] * \text{фактор разведения}$

Степень включения метки ФЭ = [ФЭ]/ [IgG]

После хроматографического разделения растворы конъюгатов стабилизировали добавлением бычьего сывороточного альбумина в конечной концентрации 10 мг/мл, консервировали 0,1% NaN_3 и стерилизовали через шприц-насадку с порами 0,22 мкм.

4. Определение активности конъюгатов МКАТ с ФЭ. Готовили 10 серийных разведений конъюгата МКАТ-ФЭ, полученного на этапе **3**, в р-ре PBS - 1:10, 1:40, 1:160, 1:320, 1:640, 1:1280, 1:2560, 1:2560, 1:5120, 1:10240. В каждую пробирку для проведения анализа вносили 100 мкл гепаринизированной крови и 20 мкл р-ра тестируемого конъюгата. Содержимое пробирок перемешивали на вортексе и инкубировали в течение 30 мин при комнатной температуре. По окончании реакции в пробирки добавляли по 1 мл PBS, затем клетки осаждали центрифугированием (200 g, 10 мин) и ресуспендировали в 2 мл лизирующего раствора при комнатной температуре для лизиса эритроцитов (10 мин). Клетки дважды промывали в 1 мл PBS и суспендировали в 200 мкл 0,4% р-ра формалина в PBS. Флуоресцентный анализ выполняли на проточном цитометре FACSCalibur (Becton Dickinson). За титр рабочего разведения принимали наибольшее разведение р-ра конъюгата, при котором выявлялась максимальная доля антигенпозитивных клеток крови.

Зависимость активности конъюгата МКАТ-ФЭ от метода синтеза. Для сравнительной оценки двух методов конъюгирования ФЭ с МКАТ исследовали антитела ИКО-86 (анти-CD 4), выделенные на белке G.

Профиль хроматографического разделения продуктов синтеза ИКО 86 по методу 1 (ИКО-86-1) и 2 (ИКО-86-2) имел заметные отличия. Так в конъюгате ИКО-86-1 преобладали фракции со средней степенью включения ФЭ более 1,4 (выраженный подъем в высокомолекулярной части первого пика), тогда как в конъюгате ИКО-86-2 преобладали фракции с меньшей средней степенью включения ФЭ (Рис. 3).

Сравнительная характеристика полученных конъюгатов в проточной цитометрии показала близкие значения титров обоих препаратов. Титр ИКО-86-1 составил 1:200, титр ИКО-86-2 -1:400. Полученные титры для обоих препаратов оценены как очень хороший показатель, имея в виду, что конечная концентрация ИКО-86-1 и ИКО-86-2 в реакционной среде мечения клеток крови была менее 0,5 мкг/мл. Близкие по значению титры конъюгатов ИКО-86-1 и ИКО-86-2 не давали предпочтения в выборе метода конъюгирования МКАТ для дальнейшей работы. Однако относительно меньшая «нагруженность» ИКО-86-2 и его относительно большая реакционность делало метод 2 несколько более предпочтительным по сравнению с методом 1.

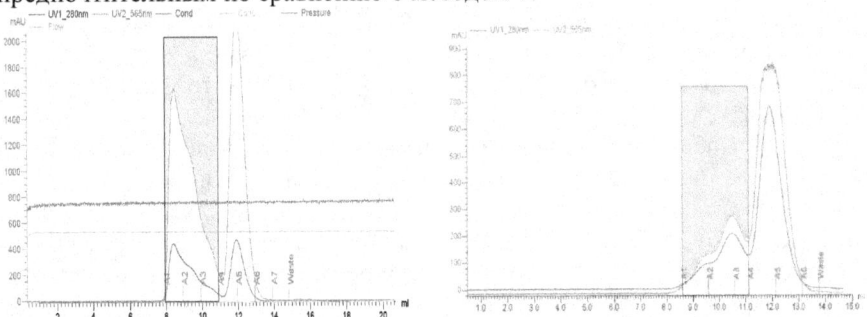

Рис. 3. Хроматограммы разделения продуктов синтеза ИКО-86 с ФЭ по методу 1 (слева) и по методу 2 (справа). Голубая область соответствует фракциям, взятым для цитометрического исследования.

Зависимость активности конъюгата МКАТ-ФЭ от способа фракционирования МКАТ. Для оценки активности конъюгата от способа очистки иммуноглобулинов исследовали МКАТ анти- CD11b (ИКО-GM1). В предварительных исследованиях было показано, что для выделение ИКО-GM1 с использованием Protein G не подходит, так как полученные МКАТ теряют активность. Поэтому, фракционирование этих МКАТ проводили на ионообменной колонке Mono Q. Далее ИКО-GM1 метили методом 2. Меченный таким образом препарат обладал невысокой степенью включения ФЭ (менее 0,8) и низким титром в проточной цитометрии (менее 1:10). Предположительно, либо способ фракционирования, либо особенности структуры молекулы ИКО-GM1 снижают характеристики конечного конъюгата. Для создания более однородного материала для мечения, препарат ИКО-GM1, фракционированный на Mono Q, дополнительно фракционировали на Superdex 200, после чего метили ФЭ методом 1. Полученный таким образом конъюгат ИКО-GM1 с ФЭ имел степень включения ФЭ 1,1 и титр в проточной цитометрии 1:128.

Таким образом, в ряде случаев для получения рабочего конъюгата МКАТ с ФЭ требуется многостадийное фракционирование исходных МКАТ с использованием «мягких» выделений на ионообменном носителе и последующей гельфильтрацией высокого разрешения.

Зависимость активности конъюгата МКАТ-ФЭ от клонального происхождения МКАТ. Зависимость активности конъюгатов МКАТ-ФЭ для различных клонов можно проиллюстрировать на примере мечения ИКО-180 (анти-CD20) и ИКО-31 (анти-CD8). Метод подготовки, мечения и фракционирования продуктов конъюгации для обоих препаратов был идентичен и состоял в выделении МКАТ на Mono Q, фракционирование на Superdex 200, мечении по методу 1, повторному фракционированию продуктов конъюгации на Superdex 200 (Рис. 4). Полученные продукты имели близкую степенью включения ФЭ (ок. 1), но заметно отличались по титру в проточной цитометрии. Так ИКО-180 имел титр 1:32, тогда как ИКО-31 – 1:128.

Таким образом, с одной стороны, получение активных конъюгатов МКАТ с ФЭ требует высокой степени очистки исходных иммуноглобулинов: присутствие даже небольшого количества примесей резко снижает степень включения метки в конъюгат и приводит к искажению результатов иммунофенотипирования клеточных популяций. Но с другой стороны эффективность конъюгатов определяется антигенсвязывающей активностью МКАТ, которая может в значительной степени теряться уже на этапе выделения фракции иммуноглобулинов, особенно при использовании высокоэффективных методов аффинной очистки, которая предполагает кислотную элюцию продукта. Также показано, что ряд МКАТ серии ИКО обладают индивидуальными особенностями строения молекулы, которые не позволяют использовать их для получения конъюгатов с ФЭ в связи с тем, что процесс конъюгирования приводит к инактивации центра связывания антигена.

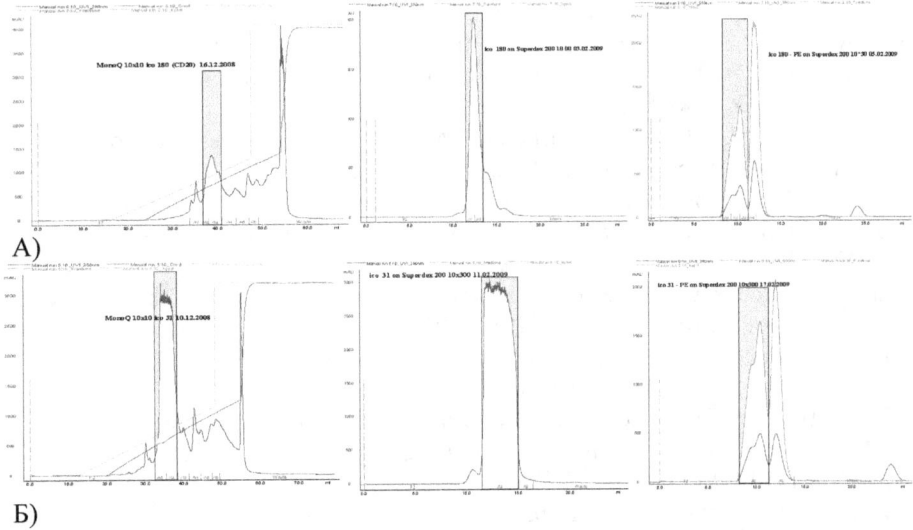

Рис. 4. Хроматограммы выделения ИКО-180 (А) и ИКО-31 (Б) на Mono Q (слева) Superdex 200 (по центру) и разделения продуктов синтеза с ФЭ (справа). Голубые области соответствуют фракциям, взятым для исследования.

В результате проведенных исследований получено более 15 конъюгатов МКАТ серии ИКО с ФЭ для научных и клинических работ. Разработанная методика позволила провести характеристику двух новых клонов МКАТ [11,37; 2,99].

ВЫВОДЫ
1. Метод 1 конъюгирования МКАТ с ФЭ в сравнении с методом 2 является более затратным и сложным в исполнении, но позволяет получить конъюгаты с большей степенью включения метки и обладающие более высоким титром.
2. Метод очистки МКАТ для их мечения имеет существенное значение для реакционной способности конечного препарата. Освобождение МКАТ от микроагрегатов и других примесей с помощью гельфильтрации высокого разрешения повышает степень включения метки и рабочий титр конъюгата, а применение методов аффинной очистки иммуноглобулинов может снижать антигенсвязывающую активность МКАТ вплоть до ее полной потери.

СПИСОК ЛИТЕРАТУРЫ

1. Phycoerythrin conjugation protocol. http://www.ispybio.com/search/protocols/pe%20protocol2.htm
2. Голубцова Н.В., Бурова О.С., Барышников К.А. и др. Моноклональные антитела ICO-406 против антигена CD117 // Российский онкологический журнал. – 2015. – № 2. – С. 99-104.
3. Laemmli U. K.. Cleavage of Structural Proteins during the Assembly of the Head of Bacteriophage T4 // Nature. – 1970. – 227. – P.680 - 685.
4. Kronick MN, Grossman PD. Immunoassay techniques with fluorescent phycobiliprotein conjugates. Clinical chemistry 29: 1582-1586 (1983)
5. Oi VT, Glazer AN, Stryer L. Fluorescent phycobiliprotein conjugates for analyses of cells and molecules. Journal of Cell Biology 93: 981-986 (1982)
6. Instructions for SMCC, Sulfo-SMCC. PIERCE. Doc. No. 0581.10. https://assets.thermofisher.com/TFS-Assets/LSG/manuals/MAN0011295_SMCC_SulfoSMCC_UG.pdf
7. Instructions for Sulfo-LC-SPDP, LC-SPDP, SPDP. PIERCE. Doc. No. 0279. 4. https://assets.thermofisher.com/TFS-Assets/LSG/manuals/MAN0011212_SPDP_CrsLnk_UG.pdf
8. Instructions for R-Phycoerythrin.PIERCE. Doc. No. 0350. 20. https://assets.thermofisher.com/TFS-Assets/LSG/manuals/MAN0011222_R_Phycoerythrin_UG.pdf
9. M. Roederer, Conjugation of monoclonal antibodies (August, 2004). http://www.drmr.com/abcon/
10. Instructions for AnaTag R-Phycoerythrin Protein Labeling Kit. https://www.mobitec.com/cms/products/bio/07_fluores_tec/protein_labeling_amino_groups.html.pdf=72113AS.pdf
11. О.С. Бурова, Н.В. Голубцова, М.А. Барышникова, М.В. и др. Моноклональные антитела ICO-401 против антигена CD133 // Российский биотерапевтический журнал. – 2015. т. 14, № 3. – С. 37-40.

Малашкина В.А.
проф., д.т.н., проф. каф.БЭГП., ГИ, НИТУ "МИСиС"
Кулабухова К.Г.
студентка гр. ТБ-13, ГИ, НИТУ «МИСиС»
kristan1308@mail.ru

СПОСОБЫ СНИЖЕНИЯ ГАЗООБИЛЬНОСТИ ГОРНЫХ ВЫРАБОТОК И КОНТРОЛЬ МЕТАНА В ШАХТНЫХ ДЕГАЗАЦИОННЫХ СЕТЯХ

Для снижения газообильности выработок, проводимых по угольным пластам, применяется предварительная дегазация пластов или текущая дегазация угольного массива вблизи проводимой выработки.

Предварительная дегазация угольного пласта проводится до начала проходческих работ по схемам, приведенным на рисунках 1 и 2. Срок каптажа газа устанавливается условием достижения проектного коэффициента дегазации с учетом показателей газоотдачи пласта в скважины: интенсивности начального удельного метановыделения, темпа снижения во времени начального удельного метановыделения.. На пластах с низкой газоотдачей срок каптажа газа принимается не менее 6 и 12 месяцев соответственно для восстающих (горизонтальных) и нисходящих скважин, буримых за контур будущих подготовительных выработок.

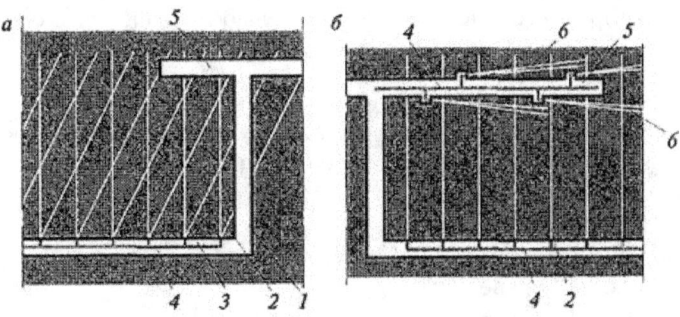

Рис. 1. Схема дегазации пласта восстающими скважинами, пробуренными за контуры проводимых выработок:

а - перекрещивающиеся скважины; *б* - параллельные и барьерные скважины.

1 - монтажная камера; *2* - скважина, параллельная забою; *3* - скважина, ориентированная на забой; *4* - дегазационный трубопровод; *5* - забой подготовительной выработки; *6* - скважина барьерная

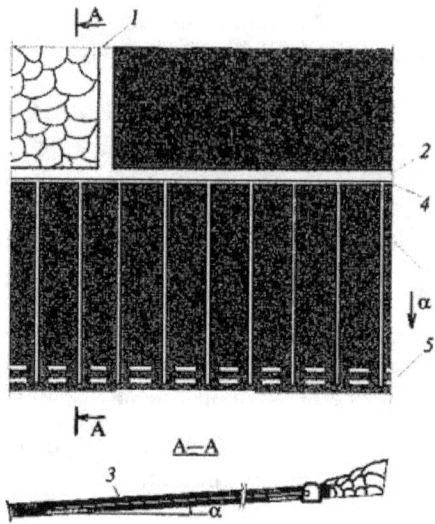

Рис. 2. Схема дегазации пологого пласта нисходящими скважинами, пробуренными за контуры будущей выработки:

1 - лава; *2* - штрек вентиляционный действующей лавы; *3* - скважина нисходящая; *4* - газопровод; *5* - штрек будущей лавы; α - угол падения пласта

В целях сокращения сроков предварительной дегазации пласта проводится гидроразрыв угольного массива с целью повышения его газопроницаемости.

Способы и средства контроля метана в шахтных дегазационных сетях должны удовлетворять общим требованиям, предъявляемым к шахтной автоматике, и учитывать специфику эксплуатации дегазационных установок.

Изменение параметров каптируемой метановоздушнойсмеси происходит в следующих пределах:

- разрежение у устья дегазационной скважины – 0 ... 27 (33) кПа, в вакуумном подземном дегазационном трубопроводе – 0 ... 53 кПа;
- концентрация метана в смеси: до 100 %;
- концентрация углекислого газа: 0 ... 2 %;
- относительная влажность газовоздушной смеси: до 100 % (возможно наличие капельной жидкости);
- скорость движения трехфазной смеси в подземном газопроводе от 0,5 до 20-25 м/с;

- среднее значение температуры смеси на выходе из скважин: 30-35°С;
- среднее значение температурына конечном участке подземного вакуумного газопровода : 16-18°С.

К прямым способам измерения относятся все измерения, в которых концентрация метана в газовой смеси определяется отбором проб или непосредственно измеряется приборами.

Схемы отбора проб газа с помощью ручного насоса из подземного вакуумного дегазационного газопровода для дальнейшего лабораторного исследования представлены на рисунках 3 и 4.

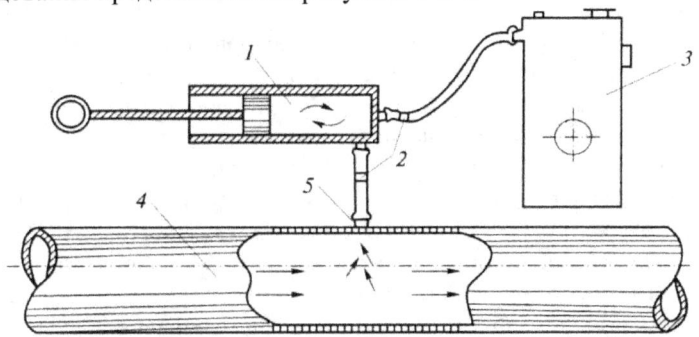

Рисунок 3. Схема отбора проб газовоздушной смеси: 1 – насос ручной; 2 – обратный клапан; 3 – интерферометр; 4 – газопровод; 5 – штуцер для отбора пробы

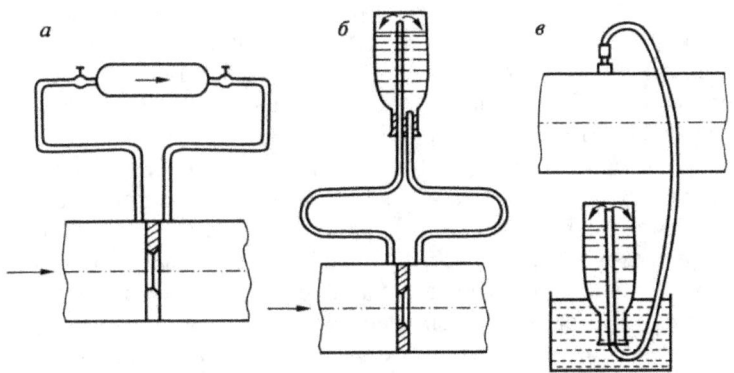

Рисунок 4. Схема отбора проб газовоздушной смеси из газопровода: а – бюреткой Зегера; б – бутылкой при вакууме; в – бутылкой при давлении выше атмосферного

К косвенным способам относятся измерения производимые расчетным путем или с использованием диаграмм, полученных путем измерения сопутствующих данных: расход, температура и т.д.

В настоящее время используется автоматический контроль дегазационных систем, который направлен на оперативное получение информации о состоянии дегазационных систем во время их эксплуатации. В том числе должен осуществляться непрерывный контроль изменения концентрации метана в отсасываемой метановоздушной смеси на всем пути ее транспортирования от скважины до вакуум-насосной станции и далее до места потребления утилизируемого газа с централизованной передачей информации диспетчеру.

Постоянный контроль состава и параметров потоковметановоздушной смеси должен осуществляться с помощью централизованных многофункциональных систем, в которых получение, передача, сбор, обработка, представление информации на центральную диспетчерскую основаны на широком применении микропроцессорной техники. Сбор информации должен производиться с помощью датчиков контроля концентрации метана в смеси. Технические характеристики датчика метана непременно должны включать следующие показатели: диапазон измеряемых концентраций метана от 0 до 100 % об.доли; основная погрешность - не более ±1% об.доли по абсолютной величине или ± 3% измеренного значения (из двух этих результатов к учету следует принимать наибольший;номинальная статическая характеристика – линейная;датчик должен работать при температуре окружающей (измеряемой) среды – от 5 до 35°С, давлении 90-120 кПа (680-900 ммрт.ст.), относительной влажности до 100% (суммарная дополнительная погрешность от влияния изменения параметров окружающей среды не должна превышать удвоенного значения основной погрешности);- время установления показаний $\tau_{0,9}$ - не более 30 с; - время работы без ручного корректирования показаний, не менее 3 мес;срок службы датчика - не менее 10 лет.

Контроль содержания метана в метановоздушной смеси только у скважин является недостаточным для обеспечения транспортирования газа с наименьшими потерями по концентрации метана. Измерительные блоки по длине участкового и магистрального газопроводов устанавливают в очень редких случаях. Это существенно снижает возможность своевременного обнаружения дефектных мест в газопроводе с точки зрения их герметичности. Измерительные блоки, предназначенные для контроля параметров метановоздушной смеси по длине подземного газопровода, как правило, располагаются на расстоянии 0,1-0,15м от фланцевого соединения звеньев труб, Из-за наличия подсосов воздуха в вакуумный газопровод практически по всему периметру фланцевого соединения возникают большие отклонения в показаниях измерительной аппаратуры так как на расстоянии 0,1-0,15м от фланцевого соединения даже при турбулентном течении смеси по газопроводу не происходит ее полное перемешивание за счет поперечной диффузии. Поэтому из-за неправильности выбора мест установки измерительных приборов, не совсем корректны показания измеряющих приборов. Необходимо провести уточнение места установки штуцеров для измеряющих приборов в зависимости от конструктивных и технологических характеристик подземной дегазационной трубопроводной сети.

Если не имеется технической возможности обеспечить правильный выбор места отбора проб или подключения внешних приборов для определения концентрации метана в метановоздушной смеси транспортируемой по подземному вакуумному газопроводу, то необходимо производить корректировку произведенных измерений с учетом следующих параметров: расстояния места отбора проб или измерений от фланцевого соединения, разрежения в газопроводе, момента затяжки болтов фланцевого соединения, конструктивных параметров фланцевого соединения и трубопровода.

Контроль за состоянием шахтной атмосферы ведется постоянно, и его результаты отражаются на пульте управления центрального диспетчера в режиме текущего времени. Контроль же за содержанием метана в метановоздушной смеси в дегазационных газопроводах производится в основном у скважин и на вакуум-насосной станции. Такой подход не дает возможности оценить эффективность транспортирования газовой смеси по отдельным участкам газопровода и принять соответствующие меры по стабилизации концентрации метана в смеси. Замеры, производимые в основных точках по время вакуумно-газовой съемки являются периодическими и не позволяют в режиме «on-line» контролировать качество транспортируемой на поверхность угольной шахты метановоздушной смеси.

Следовательно, для обеспечения безопасной и эффективной работы системы дегазации необходимо вести контроль за изменением содержания метана в газовой смеси в режиме текущего времени по всей длине подземного газопровода с отображением информации на пульте центрального диспетчера и диспетчера вакуум-насосной станции.

Литература

1. Малашкина В. А. Дегазационные установки: Учеб. пособие. 2-е изд.– М.: Изд–во МГГУ, 2012 – 190 с.
2. Инструкция по дегазации угольных шахт. Серия 05. Выпуск 22. – М.: ЗАО «Научно-технический центр исследований проблем промышленной безопасности», 2012. – 250с.
3. Малашкина В.А., Зубков К.Б. Особенности измерения параметров шахтной метановоздушной смеси в процессе ее транспортирования от скважин к вакуум-насосной станции. - Горный информационно-аналитический бюллетень (тематический), «Метан», М., изд-во МГГУ, 2008.

Балданшириева А.Д., лаборант исследователь, отдел молекулярных и клеточных технологий ФГБОУ ВО УГМУ Минздрава России, larim@mail.ru, **Мелехин В.В.**, лаборант исследователь института медицинских клеточных технологий, ассистент кафедры биологии ФГБОУ ВО УГМУ Минздрава России, **Сичкар Д.А.**, старший лаборант кафедры биологии ФГБОУ ВО УГМУ Минздрава России, **Коротков А.В.**, к.м.н., доцент кафедры биологии ФГБОУ ВО УГМУ Минздрава России, в.н.с. института медицинских клеточных технологий, **Костюкова С.В.**, к.б.н., доцент кафедры биологии ФГБОУ ВО УГМУ Минздрава России, **Сатонкина О.А.**, к.б.н., старший преподаватель кафедры биологии ФГБОУ ВО УГМУ Минздрава России, с.н.с. института медицинских клеточных технологий, **Макеев О.Г.**, д.м.н., проф., зав. кафедрой биологии ФГБОУ ВО УГМУ Минздрава России, зав. лабораторией института медицинских клеточных технологий

ЭФФЕКТЫ КОСМЕТИЧЕСКИХ ПРОДУКТОВ НА КУЛЬТУРУ ФИБРОБЛАСТИЧЕСКОГО ДИФФЕРОНА ЧЕЛОВЕКА

Средства для ухода за кожей постоянно совершенствуются, регулярно открываются новые свойства активных косметических ингредиентов, которые помогают затормозить процесс старения кожи. Однако состав многих средств не совершенен и требует коррекции.

Цель исследования – оценить влияние косметических средств на культивируемые фибробласты человека

Материалы и методы исследования

Исследования проводились на клетках фибробластического дифферона человека. Культура дермальных фибробластов была получена из эксплантата кожи донора, на основании его письменного информированного согласия, по оригинальной методике [1].

Культивирование клеток производили при 37^0C, концентрации $CO2$ 5% и влажности 95% в среде DMEM/Ham F-12 с добавлением 10% фетальной бычьей сыворотки в инкубаторе (Sanyo, Япония). Ежесуточный микроскопический контроль состояния культур клеток осуществляли с использованием инвертированного микроскопа с системой фотодокументирования Olympus CKX 41.

В ходе исследования изучалось действие образцов, предоставленных компанией Unilever Русь:
1. Косметический препарат №1, включающий растительную комбинацию из настоя ромашки, акебии, экстракта клевера, витамины групп С, Е.
2. Косметический препарат №2, содержащий бета-глюкан с экстрактами золотого корня, ромашки, вытяжки корня женьшеня.
3. Комбинация растворов №1 и №2

С целью изучения влияния исследуемых растворов и их комбинации на пролиферативную активность фибробластов кожи человека, производили посев клеток в луночные планшеты. Через 24 часа исследуемые образцы инкубировали в течение суток. На следующие сутки производили полную смену культуральной среды и выполняли первый подсчет клеток. Следующие подсчеты проводились на 2, 3 и 4 сутки [2].

Общее количество клеток подсчитывали с помощью автоматического счетчика клеток Scepter 2.0 (США).

В качестве модели токсического стресса использовали влияние перекиси водорода. Предварительно выполненные эксперименты установили, что для фибробластов дермы человека в условиях in vitro, LD 100 составилf 25 нМ/мл. В связи с этим, в качестве рабочих концентраций использовали диапазон от 7,2-24,2 нМ/мл. В культуру исследуемых растворов вносили различные концентрации перекиси водорода, эксперимент проводили в течение 24 часов [2].

Оценку жизнеспособности проводили, окрашивая клетки 0,4 % раствором трипанового синего (Sigma, США). Окрашенные образцы исследовали с помощью светового микроскопа в камере Горяева, одновременно проводили подсчет клеток, рассчитывая процент нежизнеспособных клеток от общего числа клеток [2].

Статистическая обработка полученных данных осуществлялась с помощью программы Excel. Для оценки значимости различий между группами использовали критерий Манна-Уитни. При вероятности ошибки $p<0,05$ различия между средними значениями считались достоверными.

Результаты исследования и их обсуждение

Из полученных нами данных следует, что при максимальной концентрации раствора №2 (1:3200) эффект стимуляции выражен незначительно. На 1-2 сутки культивирования наблюдался эффект ингибирования (на 10-11% по отношению к контролю), к 4-м суткам – малозначительная стимуляция роста клеток (на 3% по отношению к контролю). Двукратное снижение концентрации раствора (1:6400) сопровождалось исчезновением эффекта ингибирования в начале 1-х суток и ускорением пролиферации к исходу 4-х суток (на 13% по отношению к контролю) (рис.1).

При внесении в культуру раствора №1 в минимальном разведении (1:12800) на 1-2-е сутки проявился эффект ингибирования пролиферации фибробластов (8-11% по отношению к контролю) и стимуляции к концу 4-х суток (на 10%). Снижение вносимой дозы препарата в два раза сопровождалось полным нивелированием ингибирования клеточного роста и ускорением пролиферации к исходу 4-х суток (рис.1).

Комбинация растворов в максимальной из изученных концентраций 1:12800 сопровождалась выраженным угнетением пролиферации (на 13% по отношению к контролю) и выраженной стимуляцией к концу периода наблюдения (на 18,5%). Двукратное снижение концентрации привело к нивелированию эффекта ингибирования в первые сутки и стимуляции пролиферации клеток к последним суткам наблюдения (на 17,5%) (рис.1).

Так как присутствует эффект ингибирования клеточной пролиферации, можно предположить о наличии в составе препаратов компонентов, которые угнетают деление клеток. Поэтому состав препаратов следует откорректировать.

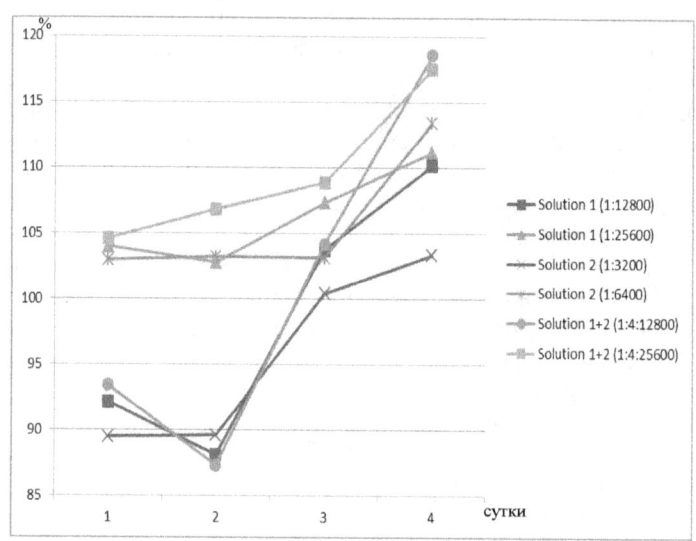

Рис. 1. Кривые роста дермальных фибробластов человека под воздействием исследуемых растворов и их комбинации в динамике (в % по отношению к контролю)

Из данных, полученных при определении устойчивости клеток к окислительному стрессу следует, что перекись водорода в концентрации менее 15 нМ/мл не оказывает влияние на исследуемые растворы. Это может быть обусловлено малой чувствительностью клеток к ее повреждающему действию.

В диапазоне концентраций от 14,5-21,8 нМ/мл наибольший протективный эффект наблюдался у раствора 16,9 нМ/мл и в 2 раза при концентрации 19,4 нМ/мл. Снижение концентрации раствора в два раза сопровождалось уменьшением протективного действия (рис.2).

У раствора № 2 защитное действие выражено в меньшей степени.

Влияние перекиси водорода на комбинацию растворов характеризовалось промежуточным эффектом.

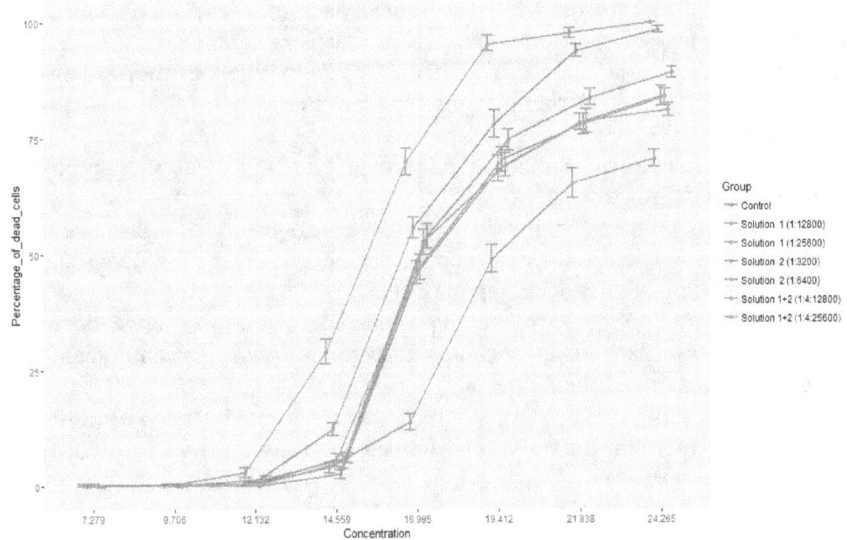

Рис. 2. Доля нежизнеспособных фибробластов при моделировании оксидативного стресса

Полученные данные свидетельствуют о повышении пролиферативной активности клеток под влиянием растворов в определенных концентрациях, следовательно, добавление данных растворов в состав косметических средств будет способствовать обновлению кожи. Повышение митотической активности может быть связано с наличием в составе растворов веществ, усиливающих пролиферативную активность фибробластов. Это могут быть активаторы теломеразы растительного происхождения, которые увеличивают пролиферативный потенциал клеток, удлиняя среднюю длину теломер [4]. Также можно предположить, что под влиянием исследуемых растворов происходит увеличение выделения факторов роста фибробластов, что способствует активации рецепторов на поверхности клеток, которые, в свою очередь, индуцируют внутриклеточные сигнальные каскады митоген-активируемых протеинкиназ (mitogen-activated protein kinases, MAPK): ERK1/2, JNK, p38 и ERK5, из которых наиболее значимыми являются ERK1/2 [2]. Эти киназы способны индуцировать синтез пиримидинов, ремоделировать хроматин, участвовать в синтезе новых рибосом, активации факторов трансляции и транскрипции, а также в регуляции G_1/S и G_2/M переходов между фазами клеточного цикла.

Различия в хемопротективном действии растворов могут быть объяснены различием состава данных растворов. Вероятно, в растворе № 1 представлено или большее количество природных антиоксидантов комплекс антиоксидантов с их синергистами, которые снижают количество активных форм кислорода в клетке, защищают липиды от перекисного окисления, способствуют поддержанию целостности клетки и ее резистентности к неблагоприятным воздействиям [2].

Выводы

1. Исследуемые вещества обладают способностью активировать пролиферацию клеток кожи.

2. Полученные данные свидетельствуют о выраженном цитопротективном действии растворов, которое может быть связано с наличием природных антиоксидантных веществ в их составе.

3. Возможно, вещества, содержащиеся в растворах, способствуют активации теломеразы и выделению факторов роста, увеличивающих пролиферативный потенциал клеток.

4. Исследуемые растворы, содержат в своем составе компоненты (компонент), оказывающие негативный эффект на выявленные положительные эффекты. Означенное в дальнейшем может потребовать коррекции их рецептуры.

ЛИТЕРАТУРА

1. Макеев О. Г., Улыбин А. И., Зубанов П. С. Патент No 2345781 «Способ получения культуры клеток кожи»//Бюллетень изобретений No 4, 10.02.2009.

2. Фрешни Р.Я. Культура животных клеток: практическое руководство // пер. с 5-го ингл. Изд. – М.: БИНОМ. Лаборатория знаний, 2011. – 691с.

3. Valenzuela HF, Fuller T, Edwards J, Finger D, Molgora B. Cycloastragenol extends T cell proliferation by increasing telomerase activity//J of Immun. – 2009. Vol. 182 № 90. – С. 30

Шуман Е.А., младший научный сотрудник, Отдел молекулярных и клеточных технологий ФГБОУ ВО УГМУ Минздрава России, младший научный сотрудник, Лаборатория технологий клеточной и генной терапии ГАУЗ СО Институт медицинских клеточных технологий, evgenyshuman@gmail.com, **Балданшириева А.Д.**, лаборант исследователь, отдел молекулярных и клеточных технологий ФГБОУ ВО УГМУ Минздрава России, **Мелехин В.В.**, младший научный сотрудник института медицинских клеточных технологий, ассистент кафедры биологии ФГБОУ ВО УГМУ Минздрава России, **Сичкар Д.А.**, старший лаборант кафедры биологии ФГБОУ ВО УГМУ Минздрава России, **Коротков А.В.**, к.м.н., доцент кафедры биологии ФГБОУ ВО УГМУ Минздрава России, в.н.с. института медицинских клеточных технологий, **Костюкова С.В.**, к.б.н., доцент кафедры биологии ФГБОУ ВО УГМУ Минздрава России, в.н.м института медицинских клеточных технологий, **Сатонкина О.А.**, к.б.н., старший преподаватель кафедры биологии ФГБОУ ВО УГМУ Минздрава России, с.н.с. института медицинских клеточных технологий, **Макеев О.Г.**, д.м.н., проф., зав. кафедрой биологии ФГБОУ ВО УГМУ Минздрава России, зав. лабораторией института медицинских клеточных технологий

КОРРЕКЦИЯ ПАТОГЕНЕТИЧЕСКИХ МЕХАНИЗМОВ КОРОНАРНОЙ НЕДОСТАТОЧНОСТИ С ПРИМЕНЕНИЕМ ГЕННЫХ ТЕХНОЛОГИЙ

Аннотация: При интенсивном развитии фармакологии и хирургии, оптимизации процессов лечения, ишемическая болезнь сердца по-прежнему остается главной причиной смертности человека в мире. Это обусловлено генетически детерминированным отсутствием новообразования сосудов в ответ на гипоксию в тканях сердца. Введение в миокард генно-терапевтических средств, несущих гены, ответственные за процессы неоангиогенеза, позволяет сформировать в ишемизированном миокарде полноценную сосудистую сеть и нормализовать нарушенные обменные процессы.

Введение

Сосудистые заболевания и прежде всего ишемическая болезнь сердца и инсульт, являются одной из главных причин смертности взрослого населения промышленно развитых стран [15,14]. Несмотря на достигнутые успехи в лечении этих заболеваний, показатели смертности населения вследствие сосудистой патологии количественно не меняются, а хирургические методы, с которыми связывались большие надежды, для значительной части пациентов неприменимы, так как имеют абсолютные противопоказания для реваскуляризации с применением эндоваскулярной баллонной ангиопластики, стентирования или шунтирования [14,7]. Означенное связано с тем, что только у каждого четвертого пациента с сосудистой недостаточностью развиваются коллатеральные сосуды, что обусловлено генетическими факторами [13,2213].

Перспективным направлением лечения сосудистой недостаточности представляется разработка технологий генотерапии, предусматривающих прямое введение встроенных в векторную систему генов факторов роста сосудов в миокард, скелетные мышцы или непосредственно в сосудистую стенку [7,1241].

Вектор представляет собой двунитевую суперспирализованную замкнутую в кольцо молекулу ДНК, несущую «полезный ген» - полный аналог такового из генома человека и служебные гены, обеспечивающие полноценное функционирование полезного гена в ядре клетки.

Однако введение отдельных генов, как было показано в целом ряде плацебо-контролируемых исследований, не сопровождалось значимым клиническим эффектом. Как было показано в исследованиях AGENT [5,18], введение в миокард вектора с геном фактора роста фибробластов (FGF) на фоне ишемической болезни сердца продемонстрировало только «тенденцию к улучшению», при этом отличия толерантности пациентов к физической нагрузке и величины зон ишемического дефекта были статистически недостоверны. Отсутствие клинических эффектов наблюдалось и в ходе исследования PREVENT [8,1497; 8,2452] как при введении пациентам гена эпидермального фактора роста (E2F), так и гена фактора роста эндотелия сосудов (VEGF) - в исследовании КАТ [6,2680].

Неэффективность моногенной терапии обусловлена тем, что в образовании полноценной сосудистой сети принимают участие продукты, кодируемые более чем тридцатью генами.

Известно также, что главными генами, ответственными за образование и рост сосудистой сети как в период роста организма, так и у взрослых, являются гены факторов транскрипции HIF, получившие название гипоксией индуцируемые факторы [12,1232].

В результате дефицита факторов HIF, ответственных за инициацию транскрипции широкого спектра ангиопоэтинов (более 30), в ишемизированной ткани в ответ на гипоксию развиваются некробиотические процессы с последующим замещением дефекта соединительной тканью и соответствующим снижением функциональной активности органа наряду с возрастанием риска повторных сосудистых катастроф.

Следующими по значимости для ангиогенеза являются продукты интегрального гена VEGF. В результате альтернативного сплайсинга VEGF 225 образуется 6 эндотелиальных факторов роста сосудов: VEGF-A (VEGF-1), VEGF-B (VEGF-3), VEGF-C (VEGF-2), VEGF-D, VEGF-E и PlGF, которые являются секретируемыми белками и связываются с тремя типами рецепторов на наружной клеточной мембране эндотелиоцитов: Flt-1 (VEGFR-1), Flk-2 (VEGFR-2), Flt-4 (VEGFR-3).

Однако, уже с момента рождения, экспрессия VEGF в различных тканях выражена в разной степени и с возрастом прогрессивно снижается (наименьшая экспрессия выявлена в высокоспециализированных тканях, в том числе в сердце и ЦНС) [1,654], а у 9-18% населения в гене VEGF имеются фенотипически значимые мутации, снижающие активность образующихся белков [4,670].

В свою очередь, экспрессия генов HIF также возрастозависима и у большинства людей по достижении среднего возраста в высокоспециализированных тканях практически отсутствует [2,26].

Известно также, что изолированная экспрессия VEGF не сопровождается образованием полноценных сосудов, а на начальном этапе резко повышает проницаемость существующего сосудистого русла [3,1038], в то время как будучи экспрессированы в комплексе с прочими ангиогенными факторами, белки VEGF стимулируют рост и развитие новой сосудистой сети [11,2512; 11,2501].

Более того, известно, что недостаточная экспрессия генов прочих факторов роста сосудов сопровождается и развитием дефицита мышечных элементов сосудистой стенки [10,2532; 10,926; 10,381] вследствие недостаточной миграции в зону ишемии и пролиферации гладкомышечных клеток сосудистой стенки.

Последнее в полной мере относится и к циркулирующим сосудообразующим клеткам, под которыми понимают стволовые клетки (САС), дающие начало тканям сосуда [9,328; 9,18; 9,684]. В настоящее время общепризнано, что замещение функций «неработающих» генов может быть достигнуто только введением (трансфекцией) в клетки недостающих генов, кодирующих необходимые факторы роста сосудов.

Цель исследования - достижение полноценного неоангиогенеза за счет активации большего количества факторов роста, участвующих в ангиогенезе и, как следствие, восстановление нормального уровня перфузии в ишемизированной области ткани.

Материалы и методы исследования

Эксперимент проведен на кроликах-самцах породы Шиншилла массой 2,8-3,2 кг и возрастом 1-1,2 года. Животным после премедикации атропином 0,04 мг/кг, для предотвращения отека слизистой трахеи, под тиопенталовым наркозом (внутрибрюшинно, 40 мг/кг) в условиях искусственной вентиляции легких проводят левую стернотомию. С целью обеспечения неполной окклюзии передней нисходящей артерии сердца выполняют перевязку ее проксимального сегмента на мандрене, сужающую просвет сосуда на 80%. Группам животных №1(n=10), № 2 (n=5) и № 3 (n=5) сразу после наложения лигатуры интрамиокардиально однократно вводили встроенные в векторы гены факторов роста HIF1a,

HIF1b, VEGF165, VEGF225 в стехиометрическом соотношении (1:0,2:0,5:0,3 соответственно) в концентрации 400 мкг/мл физиологического раствора из расчета 200 (группа №1), 100 (группа №2) и 50 (группа №3) мкг ДНК на см^2 зоны ишемии и шагом по площади 2-10 мм (проколы распределяли равномерно по всей площади зоны ишемии), с добавлением адьювантов. В качестве адьюванта для повышения эффективности трансфекции миокардиоцитов в готовый раствор для обеих групп добавляют 2-диметиламиноэтанол в концентрации 2,5 ммоль/л.

Уровень ангиогенеза оценивали на 30-е сутки после операции. Кровеносные сосуды и их взаимоотношения с сердечными мышечными волокнами выявляли с помощью метода внутрисосудистой инъекции контрастными взвесями с последующей гистологической обработкой [Авантадилов Г.Г. Медицинская морфометрия. Руководство. - Медицина, 1990.-384 с:ил.]. На микроскопических срезах миокарда, окрашенных гематоксилин-эозином, подсчитывали число капилляров n (на 1 мм^2 среза), диаметр открытых капилляров d (мкм), рассчитывали длину функционирующих капилляров l (мм/мм^3), площадь обменной поверхности капилляров S (мм^2/мм^3). Изучение pO$_2$ в зоне повреждения на открытом сердце проводили полярографическим методом с использованием генерирующей пары медная амальгама - кадмий. Результаты представлены в таблице 1.

Результаты исследования и их обсуждение

Как следует из полученных данных (таб.1), изменение количества вводимых векторов со встроенными генами HIF1a, HIF1b, VEGF-165, VEGF-225 в пределах от 50 до 200 мкг ДНК на см^2 зоны ишемии в стехиометрическом соотношении 1:0,2:0,5:0,3 не сказывается на уровне инициируемого ангиогенеза. Последнее обусловлено тем, что эффект оказывает не вводимый вектор, а продукт полезного гена, образующийся в результате транскрипции и трансляции, выраженность которых мало обусловлена числом копий гена.

Таблица 1.
Параметры микроциркуляторного русла ишемизированного миокарда

	Введение HIF1a, HIF1b, VEGF-165, VEGF-225			Достоверность отличий между группами $p<0,05$
	группа животных №1	группа животных №2	группа животных №3	
Число капилляров n (на 1 мм^2 среза)	5154.0+-282.0	4762.0+-320.0	510 0.3+-345.9	отсутствует

Диаметр открытых капилляров d (мкм)	6.90+-0.80	7.11+-0.93	6.84+-0.84	отсутствует
Длина функционирующих капилляров l (мм/мм^3)	4018.0+-201.0	4220.8+-287.6	4001+-198.3	отсутствует
Площадь обменной поверхности капилляров S (мм^2/мм^3)	87.10+-4.20	94,2+-4.77	86.1+-4.13	отсутствует
pO$_2$ мм.рт.ст	45.4+-5.8	43.4+-5.5	46.2+-4.9	отсутствует

Как следует из Таблицы 1, однократное введение в ишемизированный миокард комплекса встроенных в векторы четырех генов HIF1a, HIF1b, VEGF165, VEGF225 в соотношении 1:0,2:0,5:0,3 соответственно сопровождается значимым улучшением показателей микроциркуляторного русла. Так, по сравнению с монотерапией встроенным в вектор геном VEGF165 (прототип по патенту № RU 244378), применение комплекса генов обеспечивает увеличение числа капилляров в миокарде на 23,3%, длины функционирующих капилляров – на 54,5%, и, соответственно, площади обменной поверхности капилляров на 56,9%, но не диаметра открытых капилляров (данный показатель является высококонсервативным и видоспецифичным, а потому сохраняется неизменным в ряду мышь-слон). Больший объем доставки крови находит отражение в увеличении парциального давления кислорода в ишемизированной области миокарда более чем на 40% при использовании комплекса генов.

Тугое заполнение сосудистого русла радиоактивным уксуснокислым уранилом (не приникает через гематопаренхиматозный барьер и не покидает сосудистое русло) с последующим подсчетом радиоактивности показало, что объем заполненного сосудистого русла, включающего все его составляющие (артерии, артериолы, капилляры, венулы и вены, а также анастомозы) при введении комплекса генов увеличивается на 30% и достоверно превышает аналогичный показатель при монотерапии встроенным в вектор геном VEGF165.

Об увеличении объема кровеносного русла свидетельствуют данные морфологических исследований. При этом введение в миокард комплекса встроенных в векторы генов HIF1a, HIF1b, VEGF165, VEGF225 находит проявление не только в появлении новообразованных капилляров с большей длиной и обменной поверхностью, но и в виде оптически визуализируемой формирующейся и вновь сформированной полноценной сосудистой сети, включающей артериолы с признаками мышечной стенки, венулы и анастомозы с сосудами неповрежденного миокарда соседних участков.

Полученные в опытах результаты свидетельствуют о том, что при введении комплекса из четырех генов, их проникновения в клетки, транскрипции и трансляции, происходит выделение широкого спектра факторов неоангиогенеза, ремоделирующего сосудистую сеть ишемизированного миокарда. При формировании полноценного сосудистого русла наблюдается нормализация метаболических процессов в зоне поврежденного миокарда, о чем свидетельствует динамика изменения электрокардиограммы (ЭКГ) в ходе выполнения нагрузочной пробы (Фиг. 4а и 4б). Анализ ЭКГ после введения вектора с геном VEGF165 спустя 5 минут нагрузки (проба с дипиридамилом) указывает на появление горизонтальной депрессии сегмента ST (V4) на 0,3мВ (3 мм). Это может расцениваться как признак ишемии миокарда. В свою очередь, при введении комплекса векторов с генами HIF1a, HIF1b, VEGF165, VEGF225 наблюдается отрицательная ЭКГ проба – отсутствие депрессии сегмента ST в ответ на нагрузку.

Подтверждением специфичности действия комбинации четырех генов является сохранение количественных параметров ангиопоэтического ответа как при введении ДНК в дозе 200 мкг на см^2 (при которой количество гена VEGF165 соответствует контролю-прототипу – 50 мкг на см^2), так и при двух- и четырехкратном уменьшении количества вводимой ДНК. Последнее обусловлено тем, что эффект оказывает не количество применяемых генов, а их продукты – факторы роста сосудов, образующиеся в трансфецированных клетках.

Таким образом, предложенный способ с использованием встроенных в векторы комплекса четырех генов позволяет более эффективно стимулировать ангиогенез и ремоделировать сосудистую сеть в ишемизированном миокарде, чем техническое решение по прототипу.

В свою очередь, эпигеномная локализация генных конструктов, благодаря модифицированному участку Ori применяемых генных векторов, и ограниченный срок пребывания в клетке являются достаточными для экспрессии вводимых генов и формирования полноценной сосудистой сети.

В отличие от применения пептидных факторов роста, требующих регулярного введения, использование генных конструкций с четырьмя генами факторов, регулирующих ангиогенез, обеспечивается их однократным интрамиокардиальным введением.

ЛИТЕРАТУРА

1. Carmeliet P. Angiogenesis in health and disease. //Nat. Med. 2003; 9(6): 653-60.
2. Chan-Hyung Kim, Young-Suk Cho, Yang-Sook Chun, Jong-Wan Park, Myung-Suk Kim Early Expression of Myocardial HIF-1α in Response to Mechanical Stresses //Circulation Research.2002; 90: p 25-33.
3. Dvorak H.F., Brown L.F., Detmar M., Dvorak A.M. Vascular permeability factor/vascular endothelial growth factor, microvascular hyperpermeability, and angiogenesis. //Am. J. Pathol. 1995; 146(5): 1029-39.
4. Ferrara N., Gerber H.P., LeCouter J. The biology of VEGF and its receptors. //Nat. Med. 2013; 9(6): 669-76.
5. Grines C.L. The AGENT clinical trials programme. //Eur. Heart. J. Suppl. (2004) 6 (suppl E): E18-E23.
6. Hedman M., Hartikainen J., Syvanne M. et al. Safety and feasibility of catheter-based local intracoronary vascular endothelial growth factor gene transfer in the prevention of postangioplasty and in-stent restenosis and in the treatment of chronic myocardial ischemia: phase II results of the Kuopio Angiogenesis Trial (KAT). //Circulation 2003; 107: 2677–83.
7. Leeuw K.D., Kusumanto Y., Smit A. J., et al. Hospers Skin capillary permeability in the diabetic foot with critical limb ischaemia: the effects of a ph VEGF 165 gene product // Diabet Med. - 2008. - vol. 10. - p.1241-1244.
8. Mann M.J., Whittemore A.D., Donaldson M.C. et al. Ex-vivo gene therapy of human vascular bypass grafts with E2F decoy: the PREVENT single-centre, randomised, controlled trial. //Lancet 1999; 354: 1493-1498.; Alexander J.H., Hafley G., Harrington R.A., Peterson E.D., et al. Efficacy and safety of edifoligide, an E2F transcription factor decoy, for prevention of vein graft failure following coronary artery bypass graft surgery: PREVENT IV: a randomized controlled trial. //JAMA. 2005 Nov 16;294(19):2446-54.
9. Rehman J., Li J., Orschell C.M., March K.L. Peripheral blood "endothelial progenitor cells" are derived from monocyte/macrophages and secrete angiogenic growth factors. //Circulation 2003; Jiang M., Wang B., Wang C., et al. Angiogenesis by transplantation of HIF-1 alpha modified EPCs into ischemic limbs. //J. Cell. Biochem. 2008; 103(1): 321-34; Sottile J. Regulation of angiogenesis by extracellular matrix. //Biochim. Biophys. Acta 2004; 1654(1): 13-22; Chun T.H, Sabeh F., Ota I., et al. MT1-MMP-dependent neovessel formation within the confines of the three-dimensional extracellular matrix. //J. Cell. Biol. 2004; 167(4): 757-67; Lee S., Jilani S.M., Nikolova G.V., et al. Processing of VEGF-A by matrix metalloproteinases regulates bioavailability and vascular patterning in tumors. //J. Cell. Biol 2005; 169(4): 681-91.

10. Schultz K., Fanburg B.L., Beasley D. Hypoxia and hypoxia-inducible factor-1alpha promote growth factor-induced proliferation of human vascular smooth muscle cells. //Am. J. Physiol. Heart Circ. Physiol. 2006; 290(6): H2528-34; Schultz K., Murthy V., Tatro J.B., Beasley D. Prolyl hydroxylase 2 deficiency limits proliferation of vascular smooth muscle cells by hypoxia-inducible factor-1{alpha}-dependent mechanisms. //Am. J. Physiol. Lung. Cell. Mol. Physiol. 2009; 296(6): L921-7; Takahashi M., Oka M., Ikeda T., et al. Role of thrombospondin-1 in hypoxia-induced migration of human vascular smooth muscle cells. //Yakugaku Zasshi 2008; 128(3): 377-83.

11. Thurston G, Suri C, Smith K, et al. Leakage-resistant blood vessels in mice transgenically overexpressing angiopoietin-1. Science 1999; 286(5449): 2511-4; Bruick RK, McKnight SL. Building better vasculature. Genes Dev 2001; 15(19): 2497-502.

12. Wang G.L., Semenza G.L. Purification and characterization of hypoxia-inducible factor 1. //J. Biol. Chem. 1995; 270(3): 1230-7.

13. Wustmann K., Zbinden S., Windecker S., et al. Is there functional collateral flow during vascular occlusion in angiographically normal coronary arteries? // Circulation. - 2003. - vol. 107, - p.2213-2220.

14. Смолянинов А.Б., Арьев А.Л., Афанасьев Б.В., Кириллов Д.А., Кованько Г.Н. Современные методы в репаративной кардиологии: опыт применения клеточных технологий // Молекулярная медицина. - 2008. - №1, - с.7-14.

15. Шумаков В.И., Шевченко О.П., Орлова О.В., Онищенко Н.А., Гуреев С.В. Связь воспаления и апоптоза с эффективностью трансплантации клеток костного мозга больным с хронической сердечной недостаточностью // Вестник Российской АМН. - 2006. - №11, - с.14-21.

Шуман Е.А., младший научный сотрудник, Отдел молекулярных и клеточных технологий ФГБОУ ВО УГМУ Минздрава России, младший научный сотрудник, Лаборатория технологий клеточной и генной терапии ГАУЗ СО Институт медицинских клеточных технологий, evgenyshuman@gmail.com, **Балданшириева А.Д.**, лаборант исследователь, отдел молекулярных и клеточных технологий ФГБОУ ВО УГМУ Минздрава России, **Мелехин В.В.**, младший научный сотрудник института медицинских клеточных технологий, ассистент кафедры биологии ФГБОУ ВО УГМУ Минздрава России, **Сичкар Д.А.**, старший лаборант кафедры биологии ФГБОУ ВО УГМУ Минздрава России, **Коротков А.В.**, к.м.н., доцент кафедры биологии ФГБОУ ВО УГМУ Минздрава России, в.н.с. института медицинских клеточных технологий, **Костюкова С.В.**, к.б.н., доцент кафедры биологии ФГБОУ ВО УГМУ Минздрава России, в.н.м института медицинских клеточных технологий, **Сатонкина О.А.**, к.б.н., старший преподаватель кафедры биологии ФГБОУ ВО УГМУ Минздрава России, с.н.с. института медицинских клеточных технологий, **Макеев О.Г.**, д.м.н., проф., зав. кафедрой биологии ФГБОУ ВО УГМУ Минздрава России, зав. лабораторией института медицинских клеточных технологий

ПРИМЕНЕНИЕ ММСК, ТРАНСФЕЦИРОВАННЫХ ВЕКТОРОМ С VEGF165, ПРИ МОДЕЛИРУЕМОЙ КОРОНАРНОЙ НЕДОСТАТОЧНОСТИ

Аннотация: Основной подход к лечению пациентов с ишемической болезнью сердца базируется на применении либо фармакологических препаратов, главным образом с целью устранения симптомов заболевания, а также профилактики «грозных» осложнений (инфаркт миокарда), либо сочетании фармакологических с хирургическими методами (стентирование и/или шунтирование коронарных артерий). Однако применение хирургических методов не всегда возможно (имеется ряд абсолютных противопоказаний к проведению коронарного шунтирования и/или применению интервенционных технологий) или ограничено, например, малым диаметром основных коронарных артерий или их ангуляцией, а стентирование сосудов сопровождается высоким риском тромбозов (при многососудистом поражении) и формированием рестенозов. Совместное применение ММСК, трансфецированных VEGF 165, сопровождающееся синэргизмом эффектов, позволяет связать будущие перспективы терапевтического ангиогенеза с использованием стволовых клеток, трансфицированных генами факторов роста, и самих факторов, усиливающих действие генно-клеточных конструкций..

Введение
Известно, что развитие заболеваний сердца связано с генетически обусловленным дефицитом продукции HIF тканями сердца. В результате

дефицита HIF, ответственного за инициацию транскрипции широкого спектра факторов (более 30), ответственных за восстановление p02 в тканях и адаптацию клеток к гипоксии, в сердечной мышце в ответ на гипоксию развиваются некробиотические процессы с последующим замещением дефекта соединительной тканью и формированием ИБС. При этом определяющим моментом является отсутствие неоангиогенеза. Для полноценного ангиогенеза необходима экспрессия всего комплекса генов, при этом определяющее значение имеет экспрессия VEGF 225. В упрощенном виде последовательность событий выглядит следующим образом: в условиях гипоксии происходит экспрессия HIF-1α; и HIF-1β:. которые, в свою очередь, объединяются в один пептид и вызывают экспрессию батареи генов. Однако еще одной особенностью тканей сердца является пониженная экспрессия гена VEGF 225. В прочих тканях экспрессия VEGF 225 приводит к накоплению VEGF пептидов, являющихся результатом альтернативного сплайсинга, ангиопоэтинов, факторов роста. Последние обеспечивают выживание и мобилизацию эндотелиоцитов. их миграцию в зону ишемии пролиферацию и формирование в зоне ишеми сосудов. [1,57].

Однако только у каждого четвертого пациента со стенозирующим атеросклерозом коронарных артерий при окклюзиях развиваются коллатеральные сосуды, что, по-видимому, обусловлено генетическими факторами [7,2215].

Артериогенез формирует коллатеральные сосуды из нефункционирующих артериолярных соединений, по которым осуществляется кровоток в обход места окклюзии. Важнейшим стимулятором артериогенеза является увеличение напряжения сдвига выше места окклюзии, способствующего экспрессии молекул адгезии клетками эндотелия с последующей аккумуляцией моноцитов в стенке сосуда. Последние секретируют активные ФР, из которых основными регуляторами артериогенеза являются ФР фибробластов (FGF), а также PDGF, VEGF и CXC-хемокины. [7,2219].

Эффективный миогенез в миокарде и скелетных мышцах невозможен без ангиогенеза, а ангиогенез – без миогенеза. Именно СК и прогениторные клетки потенциально способны стимулировать оба процесса [6,1135]. Механизмы репаративного действия СК, полученных из взрослого организма, включают паракринные эффекты, связанные с их секреторной активностью, дифференцировку СК в специфические клетки ткани и сосудов и слияние с клетками ткани, что позволяет придать им новые свойства [5, 560; 5,1134]. Тем не менее, полученные экспериментальные данные довольно противоречивы. Так, участие СК в построении новых сосудов путем дифференцировки в ЭК продемонстрировано в нескольких экспериментальных работах с помощью трансплантации меченых клеток костного мозга [4,96; 4,231; 4,348].

Вместе с тем, стимуляция неоваскуляризации при введении СК в значительной степени осуществляется за счет их секреторной активности. Это подтверждается тем фактом, что увеличение количества сосудов в миокарде экспериментальных животных отмечалось при введении практически всех типов клеток, используемых для клеточной терапии: гематопоэтических, мезенхимальных клеток костного мозга, предшественников ЭК (циркулирующих и костно-мозговых), полученных из пуповинной крови, и даже скелетных миобластов [2,180; 2,340; 2,562].

При исследовании эффектов сокультивирования СКЖТ крысы с клетками, выделенными из сердца новорожденных крысят [3,142], было обнаружено, что СКЖТ способствуют образованию большего количества более сложных (ветвящихся) и стабильных сосудистых структур клетками постнатального сердца. Этот эффект обусловлен не только паракринными влияниями СКЖТ, а, по-видимому, межклеточными взаимодействиями, так как при добавлении среды культивирования СКЖТ к клеткам, выделенным из сердца, наблюдался меньший эффект. При этом сосудистые структуры, образованные эндотелиальными (CD-31+) клетками сердца, были окружены СКЖТ, экспрессирующими маркер перицитов NG2. Наличие клеток, несущих маркеры перицитов, в популяции СКЖТ было продемонстрировано и с использованием проточной цитофлюорометрии. Возможно, что помимо паракринных механизмов стимуляции неоваскуляризации, при введении СКЖТ последние способны непосредственно участвовать в формировании сосудов и их стабилизации за счет имеющихся в их составе перицитарных клеток.

Кроме того, СКЖТ хорошо поддаются трансдукции аденовирусными, лентивирусными, ретровирусными и аденоассоциированными вирусными векторами. Генетически модифицированные клетки, в которых гиперэкспрессирован ген VEGF, секретируют в 10 раз больше этого фактора, чем немодифицированные клетки. Таким образом, СКЖТ представляют собой популяцию клеток, обладающих высокой степенью пластичности и интенсивностью пролиферации, существенным ангиогенным потенциалом, обусловленным в значительной степени их способностью секретировать многие проангиогенные и антиапоптотические факторы, и могут рассматриваться в качестве эффективного клеточного вектора для переноса терапевтических генов. При достаточно высоком содержании данного типа клеток в ЖТ, относительной безопасности и низкой травматичности их получения СКЖТ являются перспективными кандидатами для терапевтического ангиогенеза.

Цель исследования – оценить полноценность неоангиогенеза и восстановление нормального уровня перфузии в миокарде при внутримиокардиальном введении ММСК, трансфецированных VEGF 165, при моделировании ишемии.

Материалы и методы исследования

Эксперимент проведен на кроликах - самцах породы Шиншилла массой 2,8-3,2 кг и возрастом 1- 1,2 года. Животным после премедикации атропином 0,04 мг/кг, для предотвращения отека слизистой трахеи, под тиопенталовым наркозом (внутрибрюшинно, 40 мг/кг) в условиях искусственной вентиляции легких проводили левую стернотомию. С целью обеспечения неполной окклюзии передней нисходящей артерии сердца выполнялась перевязка ее проксимального сегмента на мандрене, сужающая просвет сосуда на 80%. Группе животных № 1 (n=10) вводился физиологический раствор, включающий в себя все компоненты кроме стволовых клеток. Опытной группе животных №2 (n=10) сразу после наложения лигатуры интрамиокардиально однократно вводили ММСК в количестве $1,0 \times 10^6$ клеток на см^2, трансфецированных геном VEGF-165.

ММСК были получены путем эксплантации подкожно-жировой клетчатки из области передней брюшной стенки у 10 лабораторных животных. В соответствии с протоколом выделения клеток:

1. Жировую ткань получали из области ягодицы или передней брюшной стенки.

2. Ткань измельчали и дважды отмывали от клеток крови при 250 G в фосфатном буферном растворе 10 минут.

3. Образец помещали в 1% раствор фермента из лиофилизированной поджелудочной железы краба, содержащий коллагеназу всех типов.

4. Образец инкубировали при 37^{0}С с периодическим встряхиванием в течении 120 минут.

5. Фермент нейтрализовали равным объемом среды DMEM, содержащей 10% телячьей бычьей сыворотки и фильтровали через нейлоновый фильтр с размером пор 100 мкм.

6. Образец центрифугировали при 1000 G, осадок ресуспензировали, высевали на культуральный пластик и инкубировали в течении 3 недель при 37 ^{0}С и 5% CO_2 со сменой среды каждые 3 дня.

Трансфекцию проводили плазмидой с геном VEGF165 (pWZL Blast VEGF165), регулируемым CMV-промотором. Липофекцию с помощью Унифектина-56 (Unifect Group, Россия) проводили в ММСК конфлюентных до 60-70%. Соотношение Унифектина и плазмиды - 12 ЕД/мкг на чашку Петри диаметром 10 см или культуральный флакон 25 см^2. Среду меняли на следующий день, далее каждые 3-4 дня.

Выделение ДНК. На 1-е, 3-е, 6-е и 9-е сутки после трансфекции клетки промывали дважды буферным раствором (PBS), добавляли раствор трипсина, инкубировали 10 минут при 37°С, добавляли равный объем полной ростовой среды и центрифугировали 5 минут при 1,5 тыс. об/мин. Осадок дважды промывали PBS и считали количество клеток в камере

Горяева. Выделение ДНК проводили с помощью набора "ДНК-ЭКСПРЕСС" по рекомендованному производителем протоколу. Образцы растворяли в ТЕ-буфере и хранили при t -20°C.

Контроль ПЦР в реальном времени. Секвенирование.

Эффективность трансфекции для плазмиды с VEGF составила 10%.

Усиление экспрессии VEGF в культуре ММСК отмечалось с увеличением на 6-е и 9-е сутки.

Уровень ангиогенеза оценивали на 30-е сутки после операциии на микроскопических срезах миокарда, окрашенных гематоксилин-эозином, на основании определения числа капилляров, среднего диаметра капилляров (d), измеряемого с помощью окуляр-микрометра, расчета плотности (n) (кап/мм^2), обменной поверхности капилляров (ОПК) и емкости капиллярного русла (ЕКП) на 1мм^3 миокардиальной ткани. Изучение pO$_2$ в зоне повреждения на открытом сердце проводили полярографическим методом с использованием генерирующей пары медная амальгама - кадмий.

Радиоактивность фракций клеток ядер и цитоплазмы определяли после дифференциального центрифугирования разрушенных гомогенизацией кардиомиоцитов на жидкостном сцинтилляционном счетчике Бета 2 (эффективность счета по ^{3}H - 56%).

Статистическая обработка проводилась с использованием пакета прикладных программ Statistica. Результаты считали достоверными при p≤0,05.

Результаты исследования и их обсуждение

Параметры микроциркуляторного русла миокарда	Контрольная группа	Введение ММСК с VEGF165	Достоверностоверность отличиц от группы № при p<0,05
	Группа животных № 1	Группа животных № 2	
Число капилляров n (на 1 мм2 среза)	3661,0±92,0	4020,0±51,0	1
Диаметр открытых капилляров d (мкм)	6,50±0,30	7,03±1,20	
Длина функционирующих капилляров L (мм/ мм2)	2120,0±80,0	3051,7±103,7	1

Площадь обменной поверхности капилляров S (мм2/мм3)	43,30±0,94	67,04±8,51	1
pO2 (mmHg)	18,0±4,8	31,1±2,2	1
Радиоактивность уксуснокислого уранила-238 на грамм ткани (сухой вес), кБк	0,79±0,061	1,11±0,1	1

1 - отличия опытной группы от контрольной (p≤0,05).

Полученные результаты свидетельствуют о том, что однократное интрамиокардиальное введение ММСК, трансфецированных геном VEGF-165 в условиях моделируемой ишемии приводит к увеличению общего количества капилляров, по сравнению с группой контроля, на 8,93%, увеличению диаметра открытых капилляров на 7,54%, увеличению длины функционирующих капилляров на 30,53%, увеличению площади обменной поверхности капилляров на 35,41% и увеличению парциального давления кислорода на 42,12%. В группе введения VEGF-165 имеет место достоверный неоангиогенез, но через 1 месяц компенсация ишемии недостаточная, и меньше чем в группе введения ММСК, трансфецированных геном VEGF-165, что может быть связано с формированием меньшего количества артериол.

ЛИТЕРАТУРА

1. Burgueo A.L., Gianotti T.F., Mansilla N.G.. Pirola C.J., Sookoian S. Cardiovascular disease is associated with liigh-fat-diet-induced liver damage and up-regulation of the expression of hypoxia-inducible factor 1α;.//Clin Sci (Lond) 2013 Jan; Vol. 124 (1). pp. 53-63.
2. Bartunek J., Vanderheyden M., Vanderkerckhove B., et al. Intracoronary injection of CD133-positive enriched bone marrow progenitor cells promotes cardiac recovery after recent myocardial infarction //Circulation. - 2005. – vol. 112 (suppl. I). – p. 178-183; Cho H.J., Lee J., Wecker A., Yoon Y.S. Bone marrow-derived stem cell therapy in ischemic heart disease //Regen. Med. - 2006. - vol. 1. - p. 337–345;Haider H.K. Bone marrow cells for cardiac regeneration and repair: current status and issues //Expert Rev. Cardiovasc .Ther. - 2006. - vol. 4. - p. 557–568.
3. Brian J., Tsokolaeva Z., Tractuev D., et al. Preservation of heart function following myocardial infarction using abundant source of autologous stem cells

derived from adipose tissue //Circulation. - 2005. – vol. 112 [suppl. II]. - p. 140-149.
4. Dong C., Goldschmidt-Clermont P.J. Endothelial progenitor cells. - p. a promising therapeutic alternative for cardiovascular disease //J. Interv. Cardiol.- 2007. - vol. 20 (2). - p. 93–99; Smadja D.M., Cornet A., Emmerich J., et al. Endothelial progenitor cells: characterization, in vitro expansion, and prospects for autologous cell therapy //Cell. Biol. Toxicol. - 2007. - vol. 23 (4). - p. 223–239; Urbich C., Dimmler S. Endotelial progenitor cells: characterization and role in vascular biology. //Circ. Res. - 2004. - vol. 95. - p. 343–353.
5. Haider H.K. Bone marrow cells for cardiac regeneration and repair: current status and issues //Expert Rev. Cardiovasc .Ther. - 2006. - vol. 4. - p. 557–568; Tomita S., Mickle D.A., Weisel R.D., et al. Improved heart function with myogenesis and angiogenesis after autologous porcine bone marrow stromal cell transplantation //J. Thorac. Cardiovasc. Surg. - 2002. - vol. 123. - p. 1132–1140.
6. Tomita S., Mickle D.A., Weisel R.D., et al. Improved heart function with myogenesis and angiogenesis after autologous porcine bone marrow stromal cell transplantation //J. Thorac. Cardiovasc. Surg. - 2002. - vol. 123. - p. 1132–1140.
7. Wustmann K., Zbinden S., Windecker S., et al. Is there functional collateral flow during vascular occlusion in angiographically normal coronary arteries? //Circulation. - 2003. - vol. 107. - p. 2213–2220.

Узбиков Р.М.
Национальный исследовательский Мордовский государственный университет им. Н.П. Огарева

ОЦЕНКА РЕЗУЛЬТАТОВ ЭНДОПРОТЕЗИРОВАНИЯ КОЛЕННОГО СУСТАВА ПРИ ГОНАРТРОЗАХ РАЗЛИЧНОГО ГЕНЕЗА

Современные демографические особенности, выраженные увеличением продолжительности жизни населения развитых стран [1,6], поставили перед ортопедами одну из важных медико-социальных проблем - восстановления здоровья и повышения качества жизни больных с дегенеративными поражениями крупных суставов [2,3]. По статистике наиболее часто дегенеративным повреждениям подвергается коленный сустав [1].

Несмотря на уровень развития современной науки, медицина в настоящее время не может решить один из основных вопросов ортопедии - восстановление суставного хряща [4,5]. Нередко лечебные мероприятия направлены лишь на облегчение боли и восстановление функции [1,2]. Несомненно, что на сегодняшний день эндопротезирование коленного сустава стало одной из перспективных ортопедических операций, позволяющих восстанавливать привычное качество жизни больных с гонартрозами.

Развитие технологий получения искусственных материалов и новых сплавов металлов находит немедленное отражение в постоянной модернизации существующих моделей эндопротезов [1,5]. Удовлетворительные результаты первичной выживаемости, сроков службы эндопротезов, а также значительное уменьшение или исчезновение болевого синдрома и улучшение качества жизни пациентов способствуют более частому использованию ортопедами эндопротезирования коленного сустава как основного метода лечения больных с гонартрозами различной этиологии [5].

В Российской Федерации проблема эндопротезирования коленного сустава стала развиваться только на протяжении последних 20 лет и стоит отметить, что дальнейшее изучение данной проблемы и более широкое внедрение в клиническую практику, а также модификация методик эндопротезирования коленного сустава весьма актуальна.

Материалы и методы: Исследование было проведено на базе ГБУЗ РМ «РКБ №4» г. Саранск. На первом этапе работы был проведен подбор и анализ медицинской документации (определен вид патологии коленного сустава; степени выраженности функциональных изменений, оценки субъективного и объективного состояния у 240 больных с патологией коленного сустава проходивших лечение на базе ГБУЗ РМ «РКБ №4» с

2012 по 2016 гг. Второй этап был посвящен анализу особенностей хирургической техники при эндопротезировании коленного сустава.

Деформирующий артроз был выявлен у 139 (58%) больных, ревматоидный артрит - у 48 (20%), посттравматический артроз и гонартроз другой этиологии у 14% и 8 % пациентов соответственно. При этом, по данным лучевых исследований, деформирующий артроз II степени был диагностирован у 23,4%, III и IV степени - 57,7% и 18,9% соответственно. Двухсторонние поражения коленных суставов были отмечены у 17,5% больных. Структурные изменения хряща коленного сустава были отмечены во всех наблюдениях.

В проведенном исследовании, в большинстве случаев, был применен срединный доступ в положении разгибания ноги в коленном суставе. Под наблюдением находилось 70,1% больных, которым проводилось эндопротезирование коленного сустава с использованием эндопротезов с сохранением задней крестообразной связки NexGen (США). Наряду с общими показаниями для эндопротезирования коленного сустава (боль и выраженное нарушение функции) основными критериями выбора эндопротеза с задним стабилизатором послужили: тяжелое поражение коленного сустава с наличием сгибательной контрактуры более 35° в комбинации с варусной или вальгусной деформацией более 25°.

В ходе исследования установлено, что при одновременном эндопротезировании коленного сустава средний объем кровопотери составил 710±15 мл во время первой и 870±15 мл - после второй операции (общая кровопотеря 1580±15 мл). Продолжительность оперативного вмешательства в среднем составила 145±10,32 минут ($p<0,05$). Срок стационарного лечения составил 18±1,9 суток, общий срок реабилитации 2,30±0,1 месяца. При оценке результатов следует отметить, что ни в одном из наблюдений каких-либо серьезных осложнений отмечено не было.

В ходе исследования было установлено, что наиболее частыми осложнениями у оперированных больных являлись тромбофлебиты (4,67%), при этом прямой корреляционной связи между наличием осложнений и этиологической причиной гонартрозов установлено не было.

У пациентов, у которых имелись заболевания сердечно-сосудистой системы, частота осложнений составила 5,67% наблюдений; Суммарное количество общих осложнений составило 6,89±1,22% среди пациентов старше 70 лет, что связано с наличием коморбидных состояний у этой группы пациентов.

В ходе исследования также было установлено, что в случае применения эндопротезов с сохранением задней крестообразной связки цементирование и имплантацию предпочтительно следует начать с большеберцового компонента, а в случае наличия заднего стабилизатора - с бедренного, так как при данных методиках наблюдается наиболее оптимальные результаты, и существенно сокращаются сроки реабилитации данной категории пациентов.

На основании собственных клинических наблюдений восстановительное лечение необходимо начинать на 1 сутки после оперативного лечения. Повышение двигательной активности должно быть не ранее чем через 24-48 часов (т.е. после удаления дренажей), а именно хождение при помощи костылей в пределах палаты с применением нагрузки (при этом нагрузка не должна превышать 30 % собственного веса пациента). Необходимо достичь максимального сгибания в оперированном коленном суставе в течение первых 10-12 дней после операции. При отсутствии костной пластики и пластики связок ходить при помощи костылей рекомендуются 1,5-2 месяца с последующим переходом на трость. При проведении костной пластики ходить при помощи костылей необходимо на протяжении 4-7 месяцев с дозированной нагрузкой (25-30% веса тела пациента) на оперированную конечность. Дополнительно рекомендуют ношение брейса на срок до 6-8 месяцев. При пластике коллатеральных связок активную разработку движений начинают после 3 недель, а во время ходьбы рекомендуют ношение ортеза в течение того же срока.

Список литературы:

1. Абдрахманов С.С. Способ корригирующей остеотомии при гонартрозе// Ортопедия, травматология и протезирование. -2012. - №12.- С.58-59.
2. Брусков Т.Т. Кровоснабжение коленного сустава после артропластики // Ортопедия, травматология и протезирование.-2014.- №5.- С.32.
3. Петручин Ж. А., Велегашкин С.Т. Наш опыт оперативного лечения гонартроза // Ортопедия, травматология и протезирование.- 2015.- №11.- С.40-42.
4. Windhager R, Hobusch GM, Matzner M. Allogeneic transplants for biological reconstruction of bone defects/Orthopade. 2017 Aug;46(8):656-664. doi: 10.1007/s00132-017-3452-0.
5. Schnurr C, Giannakopoulos I, Arbab D. No benefit of autologous transfusion drains in total knee arthroplasty/nee Surg Sports Traumatol Arthrosc. 2017 Jun 2. doi: -017-4585-8.
6. Шапиркин Д.И. Деформирующий артроз в заболеваемости взрослого городского населения // Артрозы крупных суставов: Сб. науч. тр. - Спб, 2014.- С.320-334.

Кутумова О.Ю., Кононова Л.И., Россиева Т.В., Демко И.И., Сумцова Т.В.

Кутумова О.Ю. – доцент, к.м.н., Главный врач Красноярского краевого Центра медицинской профилактики, Россия;
Кононова Л.И. – доцент, к.м.н., врач-методист;
Россиева Т.В. – к.м.н., врач-методист;
Демко И.В. – профессор, д.м.н., зав. кафедрой внутренних болезней № 2, Красноярского государственного медицинского университета им. профессора В.Ф.Войно-Ясенецкого, Россия;
Сумцова Т.В. – врач - пульмонолог Краевой клинической больницы.
г. Красноярск, Россия

ЭФФЕКТИВНОСТЬ ЛЕЧЕНИЯ ТАБАЧНОЙ ЗАВИСИМОСТИ В ЛЕЧЕБНО-ПРОФИЛАКТИЧЕСКИХ УЧРЕЖДЕНИЯХ КРАСНОЯРСКОГО КРАЯ

Резюме:

В статье представлены результаты реализации пилотного проекта по лечению табачной зависимости в Краевой клинической больнице, а также по оказанию медицинской помощи при отказе от курения в центрах здоровья. По данным специализированного кабинета Краевой клинической больницы, после стартового курса лечения варениклином полностью отказались от курения 41,0% пациентов, в центрах здоровья – 47,6%. В результате применения никотин-заместительной терапии – 29,9%.

Ключевые слова: лечение табачной зависимости; варениклин; отказ от курения; специализированный медицинский кабинет; центры здоровья.

Kutumova O. Yu., Kononova L. I., Rossiia T. V., I. I. Demko, T. V. Sumtsova

Kutumova O. Yu., Kononova L. I., Rossiia T. V., I. I. Demko, T. V. Sumtsova
Kutumova O. Yu., associate Professor, PhD, the Chief doctor of the Krasnoyarsk regional Center of medical prevention, Russia;
Kononova L. I., associate Professor, PhD, physician-methodologist;
Rossiia T. V. – candidate of medical Sciences, the doctor-methodologist;
Demko I. V. – Professor, MD, head. the Department of internal diseases №2 of the Krasnoyarsk state medical University. after Professor V. F. Voino-Yasenetsky, Russia.
Sumtsova T. V. – physician of the Department of respiratory medicine Regional clinical hospital. Krasnoyarsk, Russia

THE EFFECTIVENESS OF TREATMENT OF TOBACCO DEPENDENCE IN HEALTH PROFILAKTICHESKIH INSTITUTIONS OF THE KRASNOYARSK TERRITORY

Summary:
The article presents the results of a pilot project for the treatment of tobacco addiction in the Regional clinical hospital and in health centers. According to consulting rooms of the Regional clinical hospital data after starting treatment with varenicline, 41, 0 % per cent of smokers have completely given up smoking, 47.6 % of patients in health centers. Due to the use of nicotine-replacement therapy - 29.9 %.

Key words: tobacco addiction treatment; varenicline; smoking cessation; specialized medical office, health centers.

Введение:

Курение табака – одна из глобальных угроз для здоровья населения всех стран мира. Являясь одним из главных факторов риска развития основных хронических неинфекционных заболеваний (ХНИЗ), табачная зависимость – наиболее значимая причина инвалидизации и смертности миллионов людей [2;3,51;11]. Вред табака для здоровья человека абсолютно доказан, а никотиновая зависимость внесена в международную классификацию заболеваний. В России курят 39,1% взрослого населения, среди них 60,2 % мужчин и 21,7 % женщин [6,52]. Две трети (66%) подростков в возрасте 13 – 16 лет имеют опыт курения и 35% курят регулярно [1,584; 5,144], пассивных курильщиков – 34.7 %. Опрос случайной выборки взрослого населения в Красноярском крае выявил относительно стабильную долю курящих с 2011 по 2014 г. - на уровне 33,1 – 33,4% [9, 11]. В последующие 2 года этот показатель колебался от 38,5% в 2015 г. до 32,4 % в 2016 г. Доля куривших респондентов в прошлом составила в 2014г - 16,8% , в 2015г – 16,0%, в 2016г.- 11,7% Самостоятельно отказаться от потребления табака многим курильщикам сложно. В таких случаях, для лечения табачной зависимости требуется квалифицированная медицинская помощь [4, 211;7,75;8,49] Поэтому, на сегодняшний день организация медицинской помощи при отказе от курения является чрезвычайно актуальной задачей здравоохранения, что и определило цель настоящей работы.

Цель исследования:

Оценить результаты оказания медицинской помощи и медикаментозного лечения табачной зависимости пациентов в специализированном кабинете Красноярской краевой клинической больницы (ККБ) и в рамках основной деятельности центров здоровья Красноярского края.

Материалы и методы:

За период с 2010 по 2016 г., по данным специализированного кабинета ККБ и статистических отчётов, проведен анализ результатов медикаментозного лечения табачной зависимости пациентов кардиологических и пульмонологических отделений ККБ и обратившихся лиц в центры здоровья за помощью по отказу от курения. Материал статистически обработан с помощью описательной статистики и использования профессионального пакета IBM SPSS Statistics 20. Доверительный интервал («погрешность выборки») составил ± 5%.

Результаты и обсуждение:

Федеральный закон № 15-ФЗ (статья 17) обеспечил правовую базу для оказания медицинской помощи при отказе от курения [10].

Несмотря на отсутствие на федеральном уровне стандартов лечения табачной зависимости и порядка оказания медицинской помощи при отказе от курения, в Красноярске с 2013 по 2014г. на базе ККБ был реализован пилотный проект по лечению табачной зависимости у больных кардиологического и пульмонологического профилей, при целевом финансировании из средств ОМС. Были разработаны и утверждены министерством здравоохранения Красноярского края и территориального фонда ОМС тарифы на медикаментозное лечение табачной зависимости, которые включены в 17 медико-экономических стандартов стационарного лечения по профилям «кардиология» и «пульмонология». В стандартах предусмотрены препараты никотин - заместительной терапии (НЗТ), варениклин (Чампикс), бронхолитики и муколитики в расчете на 14 дней стационарного лечения. В рамках проекта было выделено финансирование на закупку варениклина.

Всего за период с 2013 по 2014 г. в кабинете лечения табачной зависимости проконсультировано 833 человека, которые находились на лечении в стационаре по поводу кардиологической и бронхо-легочной патологии, а также амбулаторные пациенты и сотрудники больницы. Все они наблюдались в динамике с целью усиления мотивации и контроля лечения. Полученные результаты по лечению табачной зависимости в кабинете ККБ за период с 2013 по 2014г. представлены в таблице №1.

Таблица №1

Эффективность лечения табачной зависимости у пациентов специализированного ККБ г. Красноярска

	Год	
	2013	2014
Число пролеченных пациентов (всего)	381	452
Пролечено варениклином (с обратной связью)	314	246
в т.ч. стационарно	256	113
в т.ч. амбулаторно	58	133
Эффективность терапии (количество / % от пролеченных пациентов)		
из них: отказались от курения - абсолютное число/%	128/40,8	106/43,1
Уменьшили количество выкуриваемых сигарет - абсолютное число /%	186/59,2	140/56,9

Терапию варениклином получили 560 человек, в том числе 369 пациентов - в стационаре ККБ в рамках программы ОМС (в 2013 году - 256, в 2014 году – 113), и амбулаторные пациенты (191 человек в 2013-2014 г.). Контроль результатов лечения (очный или заочный в телефонном режиме) показал, что, несмотря на наличие показаний к продолжению лечения и рекомендации врача, пациенты в 98,7% случаев ограничивались стартовой терапией. Лишь 5 человек приобрели препарат самостоятельно.

Важно, что по итогам наблюдения у 277 (46 %) пациентов после отказа от курения зафиксировано клиническое улучшение течения основного заболевания. Отмечено уменьшение кашля и одышки, улучшение цвета лица, нормализация артериального давления, частоты сердечных сокращений.

Пилотный проект в ККБ показал возможности эффективного лечения табачной зависимости в учреждениях здравоохранения Красноярского края. Для дальнейшего продвижения методов оказания медицинской помощи при отказе от курения было обучено 72 врача на курсах дополнительного последипломного образования в Красноярском государственном медицинском университете. Министерством здравоохранения Красноярского края организован мониторинг обращений граждан за медицинской помощью по отказу от курения в учреждения здравоохранения (УЗ) Красноярского края. По данным мониторинга на 01.01.2017, 42 учреждений здравоохранения Красноярского края оказывают медицинскую помощь при отказе от курения (в 2011 г. - 14). Число граждан, обратившихся в учреждения здравоохранения (УЗ) края с целью избавления от никотиновой зависимости, постепенно увеличивалось и в 2010 г. составило 1782 человека, а в 2016г.-10647, в том числе в центры здоровья - 965 и 4508, соответственно. Это составляет около половины всех обращений по данному поводу в УЗ Красноярского края.

Как правило, граждане обращаются за медицинской помощью при отказе от курения самостоятельно. В дополнение к стандарту обследования в центрах здоровья у лиц, страдающих табачной зависимостью, определялся статус курения, включающий оценку степени никотиновой зависимости, мотивации к курению и к отказу от курения, индекс курящего человека (таблица №2).

Таблица № 2
Степень никотиновой зависимости и наличие мотивации к отказу от курения среди обследованных лиц в центрах здоровья

Год	Число курящих лиц, обследованных в центрах здоровья	Высокая степень никотиновой зависимости		Средняя степень никотиновой зависимости		Суммарная доля лиц с высокой и средней степенью никотиновой зависимости	Наличие высокой мотивации к отказу от курения	
		Абс.	%	Абс.	%	%	Абс.	%
2014	8358	1730	20,7	2783	33,3	54,0	653	49,3
2015	4564	1197	26,2*	1586	34,7	60,9	1006	26,6*
2016	4508	1841	40,8*	1054	23,4*	64,2*	1609	35,7*

Примечание: * - отличие от величины показателя 2014 г. статистически значимо при $p < 0,05$.

В состав тарифа комплексной профилактической услуги для пациентов центров здоровья, утвержденной комиссией по разработке территориальных программ, включены препараты никотин-заместительной терапии (пластырь никоретте), стартовая упаковка которого может быть выдана пациентам, согласившимся на лечение табачной зависимости.

В структуре обследованных лиц в центрах здоровья на статус курения доля пациентов с высокой степенью никотиновой зависимости значимо ($p < 0,01$) возросла с 20,7 % в 2014 г. до 40,8 % в 2016 г. Для сравнения: в ККБ доля курящих пациентов с высокой степенью никотиновой зависимости достигала у женщин 71,6 %, у мужчин – 31,5 %.

Таблица №3

Эффективность лечения никотиновой зависимости в центрах здоровья Красноярского края

	Год			Всего
	2014	2015	2016	
Предложено лечение табачной зависимости	8358	4564	4508	17433
Согласились на лечение:	1880 /22,5	1197/26,2	1300 /28,8*	4377/25,1*
в.т.ч. назначена фармакологическая терапия:				
Никотин-заместительная терапия: абс. / %	880 /46,8*	128 /10,7	145 /11,1	1153/26,3
Лечение варениклином абс./ %	860 /45,7	426 /35,6*	375 /28,8*	1661/37,9*
Результаты лечения				
Уменьшили количество сигарет из числа согласившихся: абс./ %	545 /29,0	510 /42,6*	581 /44,7	1636/37,3*
Полностью отказались от курения из числа согласившихся лиц: абс./ %	538 /28,6	340 /28,4*	289 /22,2*	1167/26,7*

Примечание: * - отличие от величины соответствующего показателя значимо при $p < 0,05$.

Доля высоко мотивированных лиц к отказу от курения, по данным центров здоровья, колеблется по годам от 49,3 % до 35,7 % (табл. 2), у больных в ККБ – 88,3 % среди курящих мужчин и 93,7 % - среди курящих женщин.

Показатели эффективности лечения никотиновой зависимости в центрах здоровья Красноярского края приведены в таблице №3, из которой видно, что соглашаются на лечение табачной зависимости достаточно низкий процент курящих пациентов (22,5 – 28,8 %), что примерно соответствует уровню мотивации. В 2016 г. из 4377 человек, согласившихся на лечение, фармакологическая терапия была назначена 1153 пациентам (26,3 %). Остальным проводилась немедикаментозное лечение (поведенческая терапия в школах отказа от курения, индивидуальные консультации психолога). С 2015 по 2016 г. врачи стали отдавать предпочтение варениклину в лечении табачной зависимости, как более удобному и эффективному препарату по сравнению с НЗТ.

Из 145 пациентов, получивших в 2016 г. НЗТ по поводу табачной зависимости, получена обратная связь от 127 человек. Из них полностью отказались от курения 28 человек (22,0 %). Из 375 пациентов, пролеченных варениклином, получена обратная связь от 255 человек. Из них полностью отказались от курения 121 человек (47,5 %).

Выводы:

Создание организационной модели системы оказания медицинской помощи населению Красноярского края при отказе от курения позволило показать наиболее успешные методы лечения в условиях стационара и в центрах здоровья.

Наиболее эффективным является организация специализированных кабинетов лечения табачной зависимости. В то же время, опыт работы центров здоровья показывает, что оказание медицинской помощи пациентам, желающим бросить курить, является оптимальным вариантом в условиях амбулаторно-поликлинической помощи.

Результаты лечения жителей Красноярского края, мотивированных на отказ от потребления табака, показали достаточно высокую эффективность терапии табачной зависимости, в меньшей степени НЗТ и в большей степени - варениклина. Большинство пациентов отказались от курения при применении стартовой терапии варениклином.

Список литературы:

1. Гакова Е.И., Акимова Е.В., Кузнецова В.А. Некоторые эпидемиологические аспекты курения школьников – одного из факторов риска артериальной гипертензии (восемнадцатилетняя динамика). Артериальная гипертензия. 2016. 22 (6).584-593;
2. Доклад ВОЗ о глобальной эпидемии. 2015. ВОЗ. Женева. 2015.
3. Оценка риска, связанного с воздействием факторов образа жизни на здоровье населения. Методические рекомендации (под ред. Онищенко Г.Г.). М. 2011.51;
4. Прекращение потребления табака и лечение табачной зависимости. Рекомендации Российско-Американской программы по сотрудничеству институтов гражданского общества. М. 2013. 211.;
5. Профилактика табакокурения среди детей и подростков: руководство для врачей (Н.А.Геппе, А.Б. Малахов, О.В.Шарапова, Н.В.Саввина и др. Под общей редакцией Н.А.Геппе). ГОЭТАР - Медиа. 2008.144.;
6. Табачная эпидемия в Российской Федерации. Аналитический обзор (под ред. Сахаровой Г.М.). М. 2009. 52.;

7. Титова О.Н., Засухина Т.Н., Куликов В.Д. и др. Организация помощи в отказе от табакокурения в Санкт-Петербурге: проблемы и пути решения. Медицинский Альянс. 2016. 2.71-75;

8. Титова О.Н., Суховская О.А., Пирумов П.А. и др.Анализ различных видов помощи при отказе от табакокурения.//Вестник Санкт-Петербургского медицинского университета. 2011. Сер.11. Вып. 1.49-55;

9.Труфанов Д.О, Отчёт о научно-исследовательской работе «Социологическое исследование распространённости поведенческих факторов риска основных неинфекционных заболеваний среди взрослого населения Красноярска, охвата и уровня удовлетворённости взрослого населения медицинской профилактикой». Красноярск. 2015.11.;

10. Федеральный закон Российской Федерации от 23 февраля 2013 г., № 15-ФЗ «О защите здоровья населения от окружающего табачного дыма и последствий потребления табака». URL: http;//www.rg/ru/2013/02/26/Zakon-dok.htm l (Дата обращения 04.06.2013);

11. SAMMEC 3.0 Smoking - attribute able mortality, morbidity and economic costs. Computer Soft ware and Documentation. Office on Smoking and Health, National Center for Chronic Disease Prevention and Health Promotion, Centers for Disease Control and Prevention, Public Health Service, U.S. Department of Health and Human Services. 2004. - http: // apps.nccd.cdc.gov /summed/.

Bibli0graphy:

1.Gakova E.I., Akimova E.V., Kuznetsova V.A. Some epidemiological aspects of Smoking students one of the risk factors of hypertension (eighteen dynamics). Hypertension. 2016-22(6) 584-593. (In Russian);

2. Who report on the global tobacco epidemic 2015 who. Geneva. 2015. (in Russian);

3. The assessment of the risk impact of lifestyle factors on the health of the population. Guidelines (edited Onishchenko G.G.). M. 2011- 51. (In Russian);

4. Cessation of tobacco Smoking and treatment of tobacco dependence. The recommendations of the Russian-American program for cooperation of institutes of civil society. M. 2013. 211. (In Russian);

5. Prevention of Smoking among children and adolescents: a guide for physicians N.A.Geppe, A.B, Malakhov, O.V.Sharapova, N.V., Savvinai dr. Under the General editorship N.A.Geppe). GEOTAR – Media. 2008. 144. (In Russian);

6. The tobacco epidemic in the Russian Federation. An analytical review. (Edited by Sakharovoy G.M.). M. 2009. 52. (In Russian);

7. Titova O.N., Zasukhina T.N., Kulikov V.D., Volchkov V.A., Argunova E.V. Organization of help in quitting Smoking in St. Petersburg: problems and solutions. Meditsinskiyal'yans. 2016. 2. 71-75. (In Russian);

8. Titova O.N., Sukhovskaya O.A., Pirumov P.A., Kozyrev A.G., Kolpinskaya N.D., Kulikov V.D. Analysis of various types of assistance when quitting Smoking. // Vestnik Sankt-Peterburgskogo meditsinskogo universiteta. – 2011. 11. (1). 49-55. (In Russian);

9. Trufanov D., Report on research work "survey prevalence of behavioral risk factors of major non-communicable diseases among adult population of Krasnoyarsk, scope, and level of satisfaction of adult population health prevention." Krasnoyarsk. 2015.11. (In Russian);

10. Federal law of the Russian Federation on 23 February 2013. №15-FZ "On protection of population health from environmental tobacco smoke and consequence of tobacco consumption URL: http://www.rg/ru/2013/02/26/Zakon-dok.html (accessed 04.06.2013);(In Russian);

11. SAMMEC 3.0 Smoking - attribute able mortality, morbidity and economic costs. Computer Soft ware and Documentation. Office on Smoking and Health, National Center for Chronic Disease Prevention and Health Promotion, Centers for Disease Control and Prevention, Public Health Service, U.S. Department of Health and Human Services. 2004. - http: // apps.necked.cdc.gov /summed/.

Журбенко В.А., Саакян Э.С.
ФГБОУ ВО КГМУ Минздрава России
кафедра стоматологии детского возраста

ПСИХОЭМОЦИОНАЛЬНЫЕ ИЗМЕНЕНИЯ ПЕРЕД СТОМАТОЛОГИЧЕСКИМ ВМЕШАТЕЛЬСТВОМ

Стоматологическое лечение не всегда безболезненно. Именно по этой причине в современной стоматологии довольно часто используются различные виды анестезии – как местное обезболивание, так и общий наркоз. Однако многие пациенты, причем и дети, и взрослые, испытывают сильный страх и тревогу перед проведением лечения. Также бывает, что дети дошкольного и младшего школьного возраста не всегда осознают, что будет происходить в стоматологическом кабинете. Анестетики в большинстве своем не могут решить эту проблему. В современной анестезиологии ведущая роль в комплексе мероприятий, связанных с проведением комбинированного обезболивания, отводится фармакологическим средствам, избирательно воздействующим на антиноцицептивные (противоболевые) системы организма. При этом сохранение защитно-приспособительных реакций достигается рациональным использованием предварительной медикаментозной подготовки, или премедикации.

Предварительная, или непосредственная, премедикация, выполняющая роль нейровегетативной защиты, является на начальном этапе ответственным и наиболее важным компонентом комбинированного обезболивания.

В отечественной стоматологии комбинированное обезболивание было внедрено Ю.И. Вернадским в 1960 г. в виде методики местного потенцированного обезболивания. Применительно к амбулаторным стоматологическим операциям седативно-транквилизирующая подготовка больного (премедикация) активно разрабатывалась под руководством академика Н.Н. Бажанова, взявшего за основу премедикации в стоматологии концепцию системного механизма эмоционального стресса академика К.В. Судакова (1981). Известно, что любое стоматологическое вмешательство предполагает нарушение психического равновесия больного, степень выраженности которого во многом зависит от личностных особенностей пациента. Как правило, в ожидании стоматологического приема, начала лечения, операции у пациентов наблюдаются те или иные психоэмоциональные изменения: у одних появляется необоснованная эйфория, недооценка серьезности операции, у других - замкнутость, тоска, депрессия; чаще всего отмечаются выраженное беспокойство, волнение, страх, тревога, нарушающие гомеостаз и осложняющие проведение анестезии. Все эти изменения психики обычно обратимы и в данном случае характеризуют степень проявления психоэмоционального стресса. Именно в этот момент возникают такие психовегетативные осложнения различной степени проявлений и опасности, как обморок, гипертонический криз и т.д. По мнению Стош В.И. условно можно выделить четыре компонента болевой реакции: сенсорный, психоэмоциональный, вегетативный и двигательный.

Под воздействием анестезиологических средств происходит снижение болевой реакции. В зависимости от особенностей их действия болевая реакция снижается из-за торможения периферического и центрального звеньев ее формирования. В том случае, если средство оказывает влияние только на периферическое звено формирования болевой реакции, оно, как правило, воздействует только на один из ее компонентов. Когда препарат воздействует на центральный механизм, изменяются несколько компонентов болевой реакции.

Миорелаксанты периферического типа действия, действующие на двигательный компонент болевой реакции, вызывают расслабление скелетных мышц, тормозя нервно-мышечную передачу возбуждения на уровне постсинаптической мембраны. Центральные миорелаксанты практически не влияют на нервно-мышечную передачу или прямую возбудимость скелетных мышц. Препараты этой группы оказывают мышечно-расслабляющее действие, угнетая передачу возбуждения в ЦНС, в связи, с чем большинство из них (например, препараты бензодиазепинового ряда) обладают анксиолитическими свойствами и способностью потенцировать действие снотворных и анальгетических средств. Таким образом, центральные миорелаксанты воздействуют не только на двигательный, но и на сенсорный, эмоциональный и вегетативный компоненты болевой реакции.

Средства, используемые для воздействия на вегетативный компонент болевой реакции, также могут оказывать преимущественное влияние на периферическое или центральное звено его формирования. На периферическое звено формирования вегетативных реакций воздействуют вегетотропные вещества, влияющие на передачу возбуждения в симпатических и парасимпатических синапсах. Вещества, усиливающие или ослабляющие реакции в симпатической нервной системе, где медиатором (передатчиком возбуждения) служит норадреналин, относят соответственно к адреномиметическим, или адреноблокирующим (симпатолитическим), средствам. Вещества, действующие аналогично в парасимпатической нервной системе, где медиатором служит ацетилхолин, относят к холиномиметическим, или холиноблокирующим (холинолитическим), веществам. Эти группы вегетотропных веществ могут изменять только вегетативные реакции (интенсивность слюноотделения, тонус периферических кровеносных сосудов и т.п.), но не оказывают никакого влияния на другие компоненты болевой реакции.

Средства, оказывающие влияние на центральное звено формирования вегетативного компонента болевой реакции, классифицируют уже как психотропные, поскольку центральные механизмы вегетативных и эмоциональных реакций тесным образом взаимосвязаны. Таким же многокомпонентным воздействием обладают и средства, используемые для воздействия на центральные механизмы формирования сенсорного компонента болевой реакции, - наркотические анальгетики. Интересно отметить, что главную роль в механизме болеутоляющего действия нестероидных противовоспалительных средств, спектр воздействия которых в значительной степени ограничен только сенсорным компонентом болевой реакции, имеет не центральное, а именно периферическое звено. Средства для наркоза оказывают влияние на все 4 компонента болевой реакции, действуя преимущественно на центральную нервную систему и вызывая торможение сознания. Однако применение наркоза как радикального средства борьбы с психическими компонентами боли ограничено при лечении стоматологических заболеваний по целому ряду причин. Во-первых, медицинский риск проведения наркоза, как правило, превышает риск стоматологического вмешательства. Такой высокий риск связан с тем, что под влиянием наркотических средств происходит угнетение не только реакции на боль, но и различных функций организма: подавляются защитные рефлексы (кашлевой, рвотный), нарушается регуляция внешнего и тканевого дыхания, сердечной деятельности, артериального давления и др. В этих условиях анестезиологическая задача борьбы с болью превращается в задачу борьбы за жизнь, т.е. за точное «протезирование» нарушенных наркозом регуляторных функций организма (В.Ю. Островский, 1983).Во-вторых, для проведения наркоза требуются специальная аппаратура и подготовленные кадры, что значительно увеличивает техническую сложность и стоимость стоматологического вмешательства. В-третьих, для качественного лечения стоматологических заболеваний зачастую необходимо сохранение сознания пациента. Именно поэтому была принята во внимание необходимость проведения премедикации.

Список используемой литературы:
1. Журбенко В.А., Семёнова А.В. «дентофобия у детей – особенности эмоционального статуса ребенка и факторы, влияющие на него перед стоматологическим приемом» // Актуальные направления фундаментальных и прикладных исследований. Материалы XI международной научно-практической конференции - 2017 - С. 38-40
2. Захаров А.И. Дневные и ночные страхи у детей. – «Издательство СОЮЗ», Санкт-Петербург, – 2000.
3. Костина Л.М. Методы диагностики тревожности. – СПб: Речь, – 2006.
4. Костина Л.М. Игровая терапия с тревожными детьми. – СПб: Речь, – 2001.
5. Основы управления поведением детей и подростков на стоматологическом приеме: Учебно-методическое пособие / Попруженко Т.В., Терехова Т.Н. - Минск: БГМУ, 2005.

Каде А.Х., Поляков П.П., Липатова А.С., Сотниченко А.С., Куевда Е.В., Губарева Е.А., Вчерашнюк С.П.

Каде А. Х. – д.м.н., профессор, заведующий кафедрой общей и клинической патофизиологии ФГБОУ ВО КубГМУ Минздрава России, г. Краснодар

Поляков П. П. – аспирант кафедры общей и клинической патологической физиологии ФГБОУ ВО КубГМУ Минздрава России.

Липатова А. С. – аспирант кафедры общей и клинической патологической физиологии ФГБОУ ВО КубГМУ Минздрава России.

Сотниченко А. С. – к.м.н., научный сотрудник лаборатории фундаментальных исследований в области регенеративной медицины; ассистент кафедры патологической анатомии ФГБОУ ВО КубГМУ Минздрава России.

Куевда Е. В. – к.м.н., научный сотрудник лаборатории фундаментальных исследований в области регенеративной медицины; ассистент кафедры оперативной хирургии ФГБОУ ВО КубГМУ Минздрава России.

Губарева Е. А. – к.м.н., заведующий лабораторией фундаментальных исследований в области регенеративной медицины; доцент кафедры общей и клинической патологической физиологии ФГБОУ ВО КубГМУ Минздрава России.

Вчерашнюк С. П. – к.м.н., доцент кафедры общей и клинической патологической физиологии ФГБОУ ВО КубГМУ Минздрава России.

ВОЗМОЖНОСТИ КОРРЕЦИИ НАРУШЕНИЙ СТРЕСС-ИНДУЦИРОВАННОЙ ЭКСПРЕССИИ C-FOS НЕЙРОНАМИ ПАРАВЕНТРИКУЛЯРНОГО ЯДРА ГИПОТАЛАМУСА ТЭС-ТЕРАПИЕЙ

Транскраниальная электростимуляция (ТЭС-терапия) оказывает системное стресс-лимитирующее воздействие на нейроиммуноэндокринную регуляцию, связанное с усилением синтеза и секреции β-эндорфина, а также модуляцией работы серотонинергического, дофаминергического и холинергического механизмов [1, 121; 2, 1; 3,175]. Оценка экспрессии гена *c-fos* является широко используемым и чрезвычайно удобным инструментом картирования структур мозга, активируемых при различных видах стресса [4, 9].

Целью нашей работы является изучение влияния ТЭС-терапии на характер экспрессии *c-fos* нейронами паравентрикулярного ядра гипоталамуса (ПВЯ) крыс определенной стрессоустойчивости.

Материалы и методы исследования.

Объектами исследования были 25 взрослых белых нелинейных крыс-самцов массой 200-250г. Содержание животных и постановка экспериментов проводились в соответствии с требованиями приказа МЗ РФ N199н 1 апреля 2016 года.

Период адаптации перед экспериментом для крыс всех групп составлял 7 дней. Животные интактной группы (n=5) не включались в эксперимент, забор материала производился в первый день после адаптации. Оценка выносливости, работоспособности и стрессоустойчивости остальных крыс производилась в первый день после адаптации. Для этого использовался модифицированный тест вынужденного плавания (плавательный тест), методика которого описана нами ранее [1, 122]. Оценка стрессоустойчивости осуществлялась по времени плавания до утомления. В эксперимент включались крысы, длительность плавания которых не отклонялась от среднего более чем на 35%. После этого животные случайным образом разделялись на две группы: основную группу (ТЭС-терапия со 2 по 6 день, n=10) и группу сравнения (без ТЭС-терапии, n=10). За исключением ТЭС-терапии, все релевантные условия содержания, манипуляции и процедуры, производимые над животными основной группы и группы сравнения, были идентичны. ТЭС-терапия проводилась по методике, описанной нами ранее [2, 1]. На 7 и 8 дни моделировался комбинированный стресс. Для этого использовались модифицированный тест вынужденного плавания, производимый на 7 день, и ортостатический стресс на 8 день. Последний включал в себя фиксацию крыс в специальных футлярах из оргстекла (объем $0,75 \times 10^{-3}$ м^3) вниз головой под прямым углом к горизонтальной поверхности. Ортостатический стресс сочетался, таким образом, с иммобилизацией. Время пребывания в антиортостатическом положении составляло 45 минут. Через 2 часа после стресса производился забор материала. Перед этим животное наркотизировали, используя золетил 0,8 мг на 100 г веса крысы в/м («Virbac», Франция), ксиланит 0,8 мг на 100 г веса крысы в/м (ЗАО «НИТА-ФАРМ», Россия) [3, 175]. Глубину наркоза верифицировали по угнетению роговичного рефлекса и исчезновению реакции на болевые раздражители.

Оценка экспрессии *c-fos* в ПВЯ производилась иммуногистохимически по методике, описанной нами ранее [1, 123]. Подсчет иммунореактивных ядер в ПВЯ производился на площади 0.075 мм^2 (0,25 мм × 0,3 мм). Статистическая обработка полученных данных проводилась с помощью пакета программ STATISTICA (StatSoft, USA). Гипотеза о виде распределения проверялась посредством критерия Шапиро-Уилка. Поскольку закон распределения полученных значений отличался от нормального, данные представлялись в виде медианы (Me), верхнего (75%) и нижнего (25%) квартилей (Q_1-Q_3), а для выполнения задачи сравнения двух независимых групп использовался непараметрический U-критерий Манна-Уитни. Критический уровень значимости нулевой статистической гипотезы в соответствии с принятыми в медико-биологических исследованиях критериями принимался равным 0,05.

Результаты исследования и обсуждение.

Медиана количества иммунореактивных клеток в исследуемой области мозга крыс интактной группы была равна 12. В условиях комбинированного стресса (в группе сравнения) количество Fos-позитивных клеток возрастало (Ме - 34,5; Q_1-Q_3 – 30-45), что отражало интенсивность стресс-индуцированной активации нейронов ПВЯ. На фоне применения ТЭС-терапии имело место статистически значимое (p=0,002) уменьшение числа иммунореактивных клеток в исследуемой области (Ме - 18; Q_1-Q_3 – 17-19). Эти результаты отражают способность ТЭС-терапии предупреждать и подавлять гиперактивацию нейронов ПВЯ при стрессе и дополняют совокупность экспериментальных и клинических доказательств выраженного антистрессорного потенциала данного лечебного метода.

Литература

1. Влияние ТЭС-терапии на характер стресс-индуцированной экспрессии *c-fos* нейронами паравентрикулярного ядра гипоталамуса / Поляков П. П. [и др.] // Уральский медицинский журнал. – 2017. - № 5. – С.121-126.
2. Модификация методики ТЭС-терапии для ее применения у мелких лабораторных грызунов / Липатова А. С. [и др.] // Современные проблемы науки и образования. – 2015. – №5 [Электронный ресурс]. URL: https://www.science-education.ru/ru/article/view?id=22696.
3. Влияние ТЭС-терапии на исходы острого адреналинового повреждения сердца у крыс / Трофименко А.И. [и др.] // Кубанский научный медицинский вестник. – 2013. – № 5 (140). – С. 174–180.
4. Поляков П. П., Липатова А. С., Каде А. Х. Механизмы активации и функционирования некоторых генов раннего ответа //Медицинский вестник Юга России. – 2016. – №. 4. –С. 4-11.

Заболотская Е.А., Добрякова О.П.
Заболотская Е. А. (г.Москва, Россия), доцент, кандидат технических наук, кафедра «Искусство костюма и моды»   РГУ им.А.Н.Косыгина (ТЕХНОЛОГИИ. ДИЗАЙН. ИСКУССТВО)
Добрякова О.П. (г.Москва, Россия), доцент, кафедра «Искусство костюма и моды»   РГУ им.А.Н.Косыгина (ТЕХНОЛОГИИ. ДИЗАЙН. ИСКУССТВО)

ОСОБЕННОСТИ СТРУКТУРЫ МУДБОРДА, КАК КОНЦЕПТА КОЛЛЕКЦИИ МОДНОЙ ОДЕЖДЫ

Сегодня большинство дизайнеров одежды начинают разработку коллекции с создания мудборда -"доски вдохновения" и используют его как рабочий инструмент в течение всей работы над проектом, как опору, которая постоянно будет напоминать о поставленной задаче.

Цель данного исследования - определение особенностей структуры мудборда коллекции модной одежды. Для достижения поставленной цели были определены следующие задачи: изучить понятие мудборда, выяснить, какие функции он выполняет и какую структуру должен он собой представлять, чтобы стать отражением концепта модной коллекции.

Актуальность исследования обусловлена востребованностью данной практики повсеместно и отсутствием русскоязычной структурированной информации по данной теме. В работе внимание уделяется созданию мудборда именно для дизайнера одежды, начинающему работать над новой коллекций, поэтому важно определить особую структуру "инспирейшн досок" и профессионально обусловленные дополнительные пункты.

Мудборд (англ. *Moodboard* – «доска настроения») – визуальное представление будущего дизайн-проекта, состоящее из изображений, описаний, образцов тканей и пр. Служит для отражения общего настроения и концепции будущей коллекции, направляет мысли дизайнера в правильное направление, а также способствует эффективной коммуникации между участниками проекта, исполнителем и заказчиком [4]. Часто выполняется в виде коллажа. Сегодня постепенно набирают популярность интерактивные мудборды, созданные на компьютере.

Главная задача мудборда - вдохновлять дизайнера и не давать отойти от намеченных целей. Во время создания мудборда у модельера формируется более чёткое понимание нужного результата, появляются неожиданные и интересные визуальные решения.

Мудборды бывают физические и виртуальные. *Физические* мудборды представляют собой доску с прикленными фотографиями, распечатанными картинками, вырезками из журналов, образцы тканей, выкраски и т.п. (рис.1).

Виртульные мудборды создаются либо в формате электронного коллажа в графическом формате, либо с помощью одного из ныне популярных сервисов для создания «инспирирующих досок». Самые популярные и известные из них - *Pinterest* (Пинтерест), *Gomoodboard* (Гоумудборд), *Realtime Board* (Риалтайм борд), *Sampleboard* (Семплборд).

Вне зависимости от того, какой выбирается дизайнером формат мудборда, в нём обязательно должна прослеживаться концепция и структура его построения.

Структура мудборда модной коллекции одежды:

Мудборд — это большой визуальный формат (рис.1). Поэтому элементы мудборда должны восприниматься как одно целое, но при более детальном рассмотрении должны вырисовываться составные части. Работающий на дизайнера мудборд коллекции должен отражать и содержать в первую очередь образное решение будущей коллекции: идею и девиз коллекции, поэтику образа, ощущения, настроение, а также цветовую палитру, силуэт будущих моделей коллекции, крой, семплы тканей [3].

Для создания итоговой визуальной образной картины будущей коллекции достаточно минимум 30 изображений, максимум — 70-80 [1]. В процессе работы над коллекцией мудборд должен «жить» - картинки и семплы могут дополняться, сменять друг друга, а лишнее может отсекаться. Когда создается мудборд, нужно думать о себе как о эксперте, который выбирает лучшее, а не как о коллекционере [2].

Внимание стоит уделить в первую очередь ключевым изображениям, окружая и дополняя их второстепенными, более мелкими картинками, которые усиливают тему. Это механизм подсознания: когда кто-то смотрит на мудборд, он видит в первую очередь большие картинки и задается вопросами, ответы на которые находит в более мелких изображениях [2]. Если окружить главные крупные изображения более мелкими, вторые выступят в разъясняющей роли, усиливая посыл.

Все выбранные изображения должны дополнять друг друга и обладать смыслом. Так же важной задачей является показать целостную гармоничную картинку, а не хаос. Поэтому нужно тщательно выбирать стиль и цвета всех элементов.

Таким образом практика создания мудборда очень актуальна, поскольку может плодотворно использоваться при создании модной коллекции одежды и даёт возможность доступно и лаконично показать, какое впечатление она будет производить.

Рис.1. Рабочие «доски вдохновения» в ателье домов мод

Литература

1. http://www.strelka.com/ru/magazine/
2. http://www.dejurka.ru/
3. https://www.pressfoto.ru/
4. http://julia-designer.ru/

Звонкина О.П.
старший преподаватель
Старооскольского филиала федерального государственного автономного образовательного учреждения высшего образования «Белгородский государственный национальный исследовательский университет» (СОФ НИУ «БелГУ»), Россия, г. Старый Оскол; соискатель, ФГБОУ ВО «Липецкий государственный педагогический университет им. П.П. Семенова-Тян-Шанского»

ПЕДАГОГИКА СОТРУДНИЧЕСТВА КАК ОСНОВА ТЕХНОЛОГИИ КОЛЛЕКТИВНОГО ПРОЕКТИРОВАНИЯ

Современная российская образовательная парадигма рассматривает каждого учащегося субъектом познавательной творческо-исследовательской деятельности, а не объектом прямого педагогического воздействия.

Наиболее эффективным методом обучения, обеспечивающим подготовленность учащегося к восприятию новых идей, поиску и освоению новых знаний, творческой самореализации, является проектный метод. В мировую педагогическую практику метод проектов был введен в начале XX века американскими учеными (Дж. Дьюи, В. Килпатрик, Э. Коллингс) и был воспринят и реализован советскими педагогами (Б.В. Игнатьев, С.Т. Шацкий, В.Н. Шульгин и др.).

Американские и европейские провайдеры метода проектов рассматривали его как образовательную технологию, дающую не только знания, которые пригодятся в будущем, но, прежде всего, возможность решать проблемы, стоящие перед ребенком сегодня и определенные им самостоятельно. Дж. Дьюи основной задачей обучения считал исследование детьми окружающей жизни, осуществляемое с желанием. Свою деятельность (самостоятельно, в группе, вместе с учителями) дети должны планировать, выполнять, анализировать, оценивать и главное понимать, зачем они это делали [1].

У. Килпатрик предложил три основы, на которых должна базироваться новая педагогика: внутренний учебный материал (вытекающий из природы и интересов учащихся), целесообразная деятельность, обучение как непрерывная перестройка жизни и поднятие ее на высшие ступени [3].

Анализ зарубежных и отечественных источников в области теории и практики метода проектов показывает, что оба подхода, и отечественный и зарубежный, содержат в себе положительные моменты, так как в жизни каждого человека необходимо развитие как индивидуальных особенностей, так и навыков социального взаимодействия – сотрудничества.

Концептуальные идеи педагогики сотрудничества, разработанные и сформулированные в 80-е годы XX века советскими педагогами-новаторами (Ш.А. Амонашвили, И.П. Волков, Т.И. Гончаров, И.П. Иванов, Е.Н. Ильин, В.А. Караковский, С.Н. Лысенкова, Б.П. Никитин, Л.А. Никитина, В.Ф. Шаталов, М.П. Щетинин и др.), явились обобщением психолого-педагогических научных взглядов, опыта ученых и мыслителей отечественной и зарубежной школы. Гуманистические идеи сотрудничества легли в основу нового научно-теоретического направления в педагогике.

Педагогика сотрудничества в своей основе полагает глубокое понимание и гуманный подход к личности ребенка, а также коллективистское воспитание [2]. Учебно-воспитательный процесс педагогика сотрудничества выводит на уровень субъект-субъектных отношений, гармонизация которых достигается в общей совместной деятельности на принципах товарищества, взаимоуважения, взаимопомощи и коллективизма. Принципы педагогики сотрудничества и коллективной творческой деятельности входят во многие современные педагогические технологии, на этих принципах реализуется метод проектов.

Исследования В.Н. Стенберг показали, что в проектной деятельности получают дальнейшее развитие навыки работы в группе: освоения различных ролей, понимания и проявления своих личностных особенностей и предпочтений, самоопределения, самоорганизация коллектива учеников, свободного самовыражения, инициативного поведения наряду с уважительным отношением к мнению других, принятия компромиссного решения. Учитель выступает не транслятором знаний, а соучастником педагогического процесса, советчиком, организатором разного рода деятельности учеников, способствует развитию творческой мысли, становится равноправным участником учебного диалога [5].

Коллективная проектная деятельность привносит новое содержание в образование, развивая мыслительную и познавательную деятельность учащихся, учит учиться, мотивирует на сотрудничество.

Особенностью профессиональной деятельности в целом ряде отраслей современного общества является коллективный творческий характер. Все наукоемкие, высокотехнологичные, масштабные проекты выполняются коллективами специалистов, обладающих компетенциями коммуникативности, ответственности, дисциплинированности, самообразования.

Осокина Е.В. в своей статье «Использование метода коллективного проектирования при подготовке специалистов в области информационных технологий» [4] приводит данные проведенного трехлетнего исследования по проверке результативности обучения студентов факультета информатики по методу коллективного проектирования. В результате исследования было выявлено, что все диагностируемые элементы: теоретические знания, практические умения, опыт успешной деятельности, ценностно-смысловые ориентации, коммуникативные способности имели устойчивый прирост. Наибольшее увеличение продемонстрировал показатель «практические умения». Автор делает заключение об эффективности применения метода коллективного проектирования в процессе обучения специалистов прикладной информатики, который обеспечил формирование компетентности в области коллективной разработки информационных систем, что является наиболее востребованным в производственной деятельности таких специалистов.

Большинство школьников находятся в состоянии умственной перегрузки, которое приводит к потере интереса к учению и чувству неполноценности. Изменить такое положение дел может переориентация образования, поворот от культа знаний к всестороннему развитию личности, организация оптимальных условий развития ребенка путем создания педагогической среды, устанавливающей соответствие между возможностями детей и предъявляемыми к ним требованиями.

Изучение педагогического опыта деятельности внешкольных учреждений Российской Федерации подтверждает, что целью их деятельности является обновление содержания дополнительного образования и поиск таких педагогических технологий, которые способствуют развитию творческих способностей обучающихся.

В системе дополнительного образования в основном не предусмотрена общепринятая шкала оценок, нет плохих, отстающих или хороших учеников. В творческом процессе важными факторами являются самооценка и самоконтроль. В любом творчестве имеются две стороны – изобретательство и оценка, а ребенок должен реально оценить свою деятельность» [6, с. 132, 135, 136].

Коллективные творческие проекты в организациях дополнительного образования наиболее сориентированы на решение таких психолого-педагогических задач, как привитие навыка самостоятельной работы и коммуникативных практик в рамках общего творческого дела, где предмет и дисциплина не самоцель, а развитие практического ума, творческого мышления, интеллекта, трудолюбия, воли к самореализации и успешности.

Образовательные практики показывают перспективность использования метода проектов в системе дополнительного образования при организации определенных педагогических условий. Коллективные творческие проекты учащихся могут обеспечить оптимальные условия развития детей.

Литература

1. Дьюи, Д. Мое педагогическое кредо // На путях к новой школе. - 2002. - №3.
2. Иванов, И.П. Энциклопедия коллективных творческих дел. [Текст] / И.П. Иванов. - М.: Педагогика, 1989.- 330 с.
3. Матяш, Н.В. Инновационные педагогические технологии. Проектное обучение [Текст]: уч. пос. для студ. / Н.В. Матяш. - М.: Академия, 2011. –144 с.
4. Осокина, Е.В. Использование метода коллективного проектирования при обучении будущих специалистов в области информационных технологий разработке информационных систем [Текст]: дис. ... канд. пед. наук : 13.00.02 / Е.В. Осокина. - Шадринск, 2011. - 171 с.
5. Стернберг, В.Н. Теория и практика "метода проектов" в педагогике XX века [Текст] : автореф. Дис. ... канд. пед. наук / В.Н. Стернберг. - Рязань, 2003.- 194 с.
6. Юрченко, В.В. Система педагогических принципов организации творческой деятельности детей в условиях дополнительного образования [Текст] / В.В. Юрченко // Наука и современность. Секция. Педагогические науки. – 2010. - № 2-2. - С. 132-136.

Саврасова Л.А.
доцент, кандидат психологических наук, Санкт-Петербургский институт управления и права, Санкт-Петербург
Саврасова О.Г.
ассистент кафедры, психолог, Санкт-Петербургский институт управления и права, Санкт-Петербург

ПРОБЛЕМА СОЗНАНИЯ И РЕАЛЬНОСТИ В СОВРЕМЕННОЙ НАУКЕ

Сознание – основа всей человеческой истории, константа, определяющая уникальность нашего бытия. Более двадцати столетий проблема сознания занимает умы мыслителей и ученых. И все же наука, пройдя долгий путь от попыток познания природы души до детального изучения структур мозга, практически не продвинулась в понимании этого феномена. Сознание так и остается тайной для науки и несомненным фактом для каждого человека.

Материально ли сознание, как и тело, или имеет иную, нематериальную природу, относится ли к физическим явлениям, или это феномен иного порядка? Отвечая на этот вопрос, современная наука зачастую отрицает само существование сознания как явления реальности. Но наша убежденность в своей «сознательности» заставляет вновь и вновь возвращаться к поиску решения проблемы, ставя под сомнение не существование сознания, а правильность постановки самого вопроса.

В начале XX века создатели квантовой теории заявили миру, что материя представляет собой энергию в сверхплотном состоянии, что она возникает из информационного поля, больше похожего на сознание. Так была ослаблена мертвая хватка материализма, и возникла принципиально новая наука, известная как квантовая физика или квантовая теория.

Согласно квантовой теории, результаты физических процессов не могут быть предсказаны однозначно, так как они не имеют однозначной определенности. Другими словами, природа не предписывает однозначности результатов любых процессов или опытов, а допускает различные варианты их развития, каждый со своей вероятностью осуществления. В этих вероятностях отражается фундаментальная неупорядоченность природы.

Положения квантовой теории настолько ошеломительные, что больше напоминают фантастику. Во-первых, было доказано, что элементарные частицы имеют двойственную природу. Понятие волны было введено австрийским физиком-теоретиком Эрвином Шредингером, автором знаменитого «волнового уравнения», которое математически обосновывает существование у твердой частицы волновых свойств до акта наблюдения. В качестве волны элементарная частица не имеет точного местоположения, но существует как «поле вероятностей». В состоянии частицы это поле «схлопывается» в твердый объект, местоположение которого можно определить.

Следующим принципом квантовой физики является утверждение, что наблюдение частицы должно изменять ее поведение. В классической физике четко разделены объект и субъект наблюдения, квантовая физика уничтожила различия между наблюдателем и наблюдаемым. Наблюдатель вступает во взаимодействие с наблюдаемым объектом таким образом, что наши наблюдения за системой, выполняемые в настоящем, влияют на ее прошлое. Это утверждение довольно эффектно демонстрирует эксперимент, предложенный американским физиком Джоном Уиллером, который называется «эксперимент с отложенным выбором». Смысл его в том, что вы откладываете свое решение о проведении наблюдения за траекторией частицы до самого последнего мгновения, предшествующего столкновению частицы с экраном. И этот эксперимент свидетельствует о том, что ниши наблюдения оказывают влияние на выбор траектории частицей. Так что, наблюдения текущего состояния влияет на прошлое и определяет различные истории.

В классической физике все параметры объекта, включая его пространственные координаты и скорость, могут быть измерены с точностью, ограниченной только измерительными возможностями. Но в квантовой физике действует принцип неопределенности, который был сформулирован лауреатом Нобелевской премии по физике Вернером Гейзенбергом. Он гласит: одновременно невозможно получить точные значения местоположения и скорости квантового объекта, чем большей точности мы добиваемся в измерении одного параметра, тем неопределеннее становится другой.

В 1964 году ирландский физик Джон Белл сформулировал положение, согласно которому частицы способны обмениваться информацией мгновенно, поскольку тесно связаны на уровне, выходящем за рамки времени и пространства. Этот вывод был неоднократно подтвержден экспериментально. В 1975 году американский физик-теоретик Генри Стэпп назвал теорему Дж. Белла одним из важнейших научных открытий [1]. Причем, он говорил о науке в целом, а не только о физике.

Таким образом, квантовая теория утверждает: Вселенная – единое целое, части которого взаимно связаны и влияют друг на друга. Ученик А. Эйнштейна, Дэвид Бом, в отличие от своего учителя, утверждал, что реальность – неделимое целое, в котором все находится в глубинной взаимосвязи за пределами обычного пространства-времени. Он выдвинул концепцию существования «скрытого порядка» (скрытой, необнаружимой Вселенной), из которого проистекает «явный порядок» (известная нам Вселенная). Бесконечные преобразования этих порядков порождают все разнообразие феноменов квантового мира.

Как бы то ни было, открытия последних десятилетий показали, что классический материализм не так уж непоколебим. Теперь нам известно, что мир состоит не только из твердой материи, есть что-то еще, что дает начало существованию привычной для нас реальности. Наблюдатель не является пассивным, но становится неотъемлемой частью наблюдаемого мира. В понимании мироустройства появляется место иному решению проблемы «душа – тело», где сознание обретает, если не ведущую, то существенную роль, в отличие от строго материалистического понимания мира, где нет места сознанию.

Современная физическая наука предлагает нам такую модель мира, которая не только совместима с идеалистическими взглядами, но и одобряется многими учеными, среди которых и психологи, и биологи, и нейрофизиологи, и философы, и представители других гуманитарных и естественных наук. К примеру, доктор медицины, специалист в области ядерной медицины, психиатр и рентгенолог, Эндрю Б. Ньюберг, говорит: «Нам необходимо тщательно исследовать отношения между сознанием и физической Вселенной. Возможно, материальный мир – производный от сознания, возможно, сознание – это основной материал Вселенной» [2, с. 75].

Прежде, чем говорить о сознании и его месте в реальном мире, уместно будет рассмотреть само понятие реальности, и что, собственно, под ним подразумевается.

Под реальностью принято понимать то, что существует в действительности, на самом деле. Действительность – это осуществленная реальность, конкретный факт, который может быть представлен как физическая реальность и как явление сознания. Эти два варианта представления конкретного факта действительности называют объективной и субъективной реальностью.

Принято считать, что объективная реальность существует независимо от воли нашего сознания и подчиняется строгим правилам, которые называют фундаментальными законами природы. В современной науке под законом природы понимают правило, основанное на результатах регулярных наблюдений и позволяющее делать проверяемый прогноз на будущее.

Сегодня законы природы имеют математическое выражение, они могут быть разной степени точности, но неукоснительно соблюдаются, по крайней мере, при оговоренных условиях. Казалось бы, законы природы – это математическое отражение реальности, существующей независимо от воли наблюдателя. Но мы формируем концепции окружающего мира, наблюдая и размышляя о нем. Возникает вопрос: есть ли убедительные основания полагать, что окружающий нас мир таков, каким мы его видим?

Британский физик-теоретик Стивен Хокинг высказал идею о том, что «не имеет смысла спрашивать, реальна или нет модель мира, важно одно:

соответствует ли она нашим наблюдениям. Если каждая из двух моделей соответствуют наблюдениям..., то нельзя сказать, что какая-то из них более реальна, чем другая» [3, с. 53]. Согласно этой идее, любая модель мира, созданная нашим сознанием, лишь в некоторой мере соответствует истинному образу реальности. Это применимо не только к научным моделям, но и к сознательным мысленным моделям, которые мы для себя создаем, чтобы интерпретировать и понимать повседневность.

Таким образом, все мы попадаем в ловушку выбора между одной ложью и другой ложью. Любая реальность представляет собой лишь точку зрения, более или менее приближенную к действительности. Иначе говоря, невозможно исключить нас самих из нашего восприятия мира, которое создается с помощью наших органов чувств и путем мышления и рассуждения. Наше восприятие, а, следовательно, и наблюдения, лежащие в основе научных теорий, являются не непосредственными, а преломляются способностью человеческого сознания к интерпретации. Как же тогда ответить на вопрос, в какой мере модель окружающего мира, существующая в нашем сознании, соответствует реальности?

Итак, современная физика утверждает, что есть только одна реальность – квантовый мир, находящийся в состоянии суперпозиции. «Классическая» реальность – это результат выбора нашим сознанием квантовой альтернативы. Сознание как бы конструирует реальность в квантовом мире, выбирая из всех компонент суперпозиции лишь одну классическую проекцию квантового мира.

Аналогичную идею высказывают сегодня многие отечественные и зарубежные ученые. М.Б. Менский, профессор Физического института им. П.Н. Лебедева РАН, в своей книге пишет: «Свойство человека (и любого живого существа), называемое сознанием, – это то же самое явление, которое в квантовой теории измерений фигурирует как редукция состояния или выбор альтернативы, а в концепции Эверетта – как разделение квантового мира на классические альтернативы» [4, с. 169].

Таким образом, если система еще не измерена сознанием, она находится в суперпозиции вероятностно возможных состояний, причем реальностью является именно суперпозиция. Профессор А.Б. Менский рассматривает сознание как индивидуальное явление выбора квантовой альтернативы. Но возникает вопрос: как зависит выбор альтернативы от взаимодействия индивидуальных сознаний?

Если признать каждое сознание независимой величиной, независимым выбором, то возникает ряд трудных вопросов. Во-первых, каким образом множество сознаний выбрало одну и ту же классическую реальность? Во-вторых, если бы реальность мира существования определялась каждым индивидуальным сознанием независимо, то такая реальность была бы неустойчива в связи с тем, что индивидуальное сознание не является постоянной и непрерывной величиной. Следовательно, необходимо признать, что все индивидуальные сознания взаимосвязаны, и это интегральное сознание соткало единую общую картину классической реальности. Такую систему индивидуальных сознаний, определяющую общий выбор, можно определить как общечеловеческое сознание. Индивидуальные сознания появляются и исчезают, а общечеловеческое сознание существует непрерывно и постоянно, обеспечивая стабильность выбора реальности, в которой мы все вместе существуем.

Таким образом, если индивидуальное сознание сделало какое-либо измерение, то можно сказать, что измерение произведено общечеловеческим сознанием посредством одной из своих дискретных составляющих. Иными словами, в общечеловеческом сознании произошло изменение, направившее его по пути определенного выбора. Мы, люди, плотно вплетены в мир, являемся его частью. Наше существо служит этаким лаковым покрытием на поверхности картины мироздания, именно поэтому общее эмоциональное и психическое состояние всего человечества отражается в природных явлениях.

Общечеловеческое сознание, зародившись где-то в прошлом, эволюционирует вместе с коридором своего выбора альтернатив – классической физической реальностью, по сути, они неотделимы друг от друга. Из этого сразу следует вывод, что классический мир ограничен сферой жизни сознания, так как сознание не просто выбрало определенную альтернативу квантового состояния мира, а творило ее в процессе эволюции. Существуют ли границы общечеловеческого сознания? Сразу нужно отметить условность этой проблемы. Как таковых точных границ существовать не может. Сознание скорее похоже на элементарную частицу, о размерах которой можно говорить только вероятностно. Таким образом, должна существовать квантовая волновая функция распределения вероятности нахождения сознания, связанная с планетой Земля. Чем дальше мы отдаляемся от нашей планеты, тем меньше вероятность нахождения там человеческого сознания, а значит и выбора классической реальности и, соответственно, исполнения классических законов. Возникает иллюзия непременной вселенской изоляции человечества. Но это только иллюзия. В подобной космической изоляции мы действительно находились с момента своего зарождения как системы сознания. Но развитие сознания приводит к его расширению, не только как самостоятельной изолированной системы, но и как части еще большей глобальной системы сознания. Из этого следует, что любая другая сознательная жизнь, не связанная эволюционно с нашей, человеческой, непременно существует в совершенно ином мире, со своими, отличными от наших, объективными законами реальности. Ограниченность физического мира отнюдь не предполагает отрицания возможности существования иных реальностей, созданных иными сознаниями. Но, чтобы посетить эти реальности и войти в общение с их жителями-творцами, мы должны не метаться по своему физическому пространству и искать то, чего там нет, а выйти за его пределы. В реальности комплексного бытия сознания, физическая реальность – лишь некая область, где наше сознание предпочитает пребывать в течение своего физического воплощения.

Таким образом, и материальная, и нематериальная действительность определяется сознанием, и множество вариантов одного и того же может существовать одновременно. Именно сознательное вмешательство, способность выбирать, вырисовывает ледяные структуры из бездонного океана вероятностей. Однако даже нескольких миллиардов сознаний не достаточно, чтобы охватить хотя бы осязаемую вселенную и удерживать ее от таяния, вот и имеется высшее, всеобъемлющее сознание, способное концентрировать внимание на всех деталях, постоянно и со всех ракурсов. Так же, как сюжет романа умещается в голове писателя, весь наш мир и мы сами охвачены высшим сознанием. Если кому-то удобнее говорить о некоем Боге-Творце, то, в сущности, это ничего не меняет, надо только расширить границы процесса и на выделение из хаоса самого Бога.

То, что мы привыкли принимать за реальность, можно сравнить с двухмерным наброском трехмерного конструкта, упрощенной моделью более сложного, бесконечно детализированного пласта бытия. Наше видение окружающего мира напрямую зависит от используемого сиюминутно инструментария, то есть, будучи сконцентрированными в шкатулке из материи, мы видим мир констант и последовательностей. А, засыпая и переводя мозг в режим принимающего устройства, оказываемся в мире энергии и неопределенности, где, например, два абсолютно одинаковых предмета могут выглядеть разными, один сантиметр может быть равен километру и наоборот. Мир энергии очень пластичен во всех отношениях, и его насыщенность компенсирует лаконизм материи. Это один и тот же мир, просто с очень разных сторон. Как наличие, так и полное отсутствие физического тела, одинаково ограничивает нас в восприятии. Чтобы увидеть все и сразу, нам потребуется другое, более продвинутое воплощение, не обремененное никакими рамками.

Брайан Грин пишет: «И в то время как наши взоры обращены в будущее в предвкушении грядущих чудес, мы можем оглянуться назад и изумиться проделанному пути. Поиск фундаментальных законов Вселенной – это определенно человеческая драма, которая укрепила разум и обогатила дух людей. Мы все, каждый по-своему, искатели истины, и мы все жаждем ответа на вопрос, зачем мы в этом мире. Удастся ли кому-нибудь из наших потомков получить полную картину Вселенной во всей ее ослепительной красе? Мы не можем этого предсказать. По мере того как каждое новое поколение взбирается немного выше, мы понимаем изречение Якоба Броновски: «В каждом веке есть поворотный момент, новый способ видения и признания согласованности мира». И так как наше поколение уже восхищается новым видением Вселенной – нашим новым способом признания согласованности мира, мы выполнили часть задачи, построив свою ступеньку на лестнице, ведущей человека к звездам» [5, с. 249].

Литература:

1. Stapp. H.P. Bell's Theorem and World Process // Nuovo Cimento. Vol. 29B. № 2. – Bologna, 1975. – P. 271
2. Арнтц У. Кроличья нора, или Что мы знаем о себе и Вселенной. – М., 2013. – С. 75
3. Хокинг С. Высший замысел. – СПб., 2014. – С. 53
4. Менский М.Б. Человек и квантовый мир: Странности квантового мира и тайна сознания. – Фрязино: Век-2, 2005. – С. 169
5. Грин Б. Элегантная Вселенная. Суперструны, скрытые размерности и поиски окончательной теории. – М., 2004. – С. 249

Передня Максим, Кишкилев Степан
магистр, Брянский Государственный университет (mans032@mail.ru), аспирант, Российская академия народного хозяйства и государственной службы при Президенте Российской федерации (stenah@mail.ru)

ВЗАИМОСВЯЗЬ МЕЖЛИЧНОСТНЫХ КОНФЛИКТОВ И ЛИЧНОСТНЫХ ОСОБЕННОСТЕЙ РАБОТНИКОВ СФЕРЫ УПРАВЛЕНЧЕСКОЙ ДЕЯТЕЛЬНОСТИ

Конфликтность присуща самой природе управленческой деятельности, которая призвана согласовывать, определять четкие тактические и стратегические цели, координировать различные интересы, распределять блага и ценности. Отсюда возникает множественность конфликтов в сфере управленческой деятельности, описанная польским исследователем Яном Зеленевским. Первичным источником конфликтов в сфере управленческой деятельности является нечеткая организация структуры управления и, нечеткое разграничение полномочий руководителей различного уровня. Отсутствие органов апелляции или арбитража, системы ротации кадров, процедуры выяснения различий в подходах и мнениях, способствует разрастанию конфликтных ситуаций. Вторичный источник конфликтов заключается в иерархичности структуры управленческих ролей и статусов, которая закладывает противоречие между управляющими (властвующими) и управляемыми (подвластными) и порождающей неравенство в распределении управленческих полномочий между самими субъектами управления [3, 164].

Каждый конфликт имеет свою причину возникновения. Причины, которые порождают конфликты, можно сгруппировать по двум группам социальные и психологические. Данный подход, дает возможность составить некоторое представление о всех аспектах конфликтной ситуации. Друкер П. Ф. предложил анализировать конфликтную ситуацию поставив на повестку дня следующие вопросы [2, 212]:

В чем заключается причина конфликта?

Цель конфликтующих. В чем конкретно заключаются цели участников конфликта?

Сферы сближения. По каким противоречиям антагонисты могли бы выработать общие взгляды?

Субъекты конфликта. Как относятся люди друг к другу?

Необходимым компонентом эффективного урегулирования конфликтов в сфере управленческой деятельности является проведение беседы между конфликтующими сторонами. При проведении беседы, руководителю важно сохранить контроль над ситуацией, т. е. в соответствии со сформулированной целью беседы, направить ход разговора в нужное русло. Переговоры должны проходить динамично. Обдуманный выбор линии поведения, анализ ситуации, обсуждение ситуации, эффективно проведенное с ее участниками - это способы превратить зарождающийся конфликт в инструмент поиска наилучшего решения, действенного решения проблемы и даже средство улучшения отношений, конфликтующих [1, 91].

На основе теоретического анализа проблемы нами было проведено эмпирическое исследование, гипотезой которого послужило предположение о взаимосвязи межличностных конфликтов и личностных особенностей работников сферы управленческой деятельности. Эмпирическое исследование было проведено на базе ООО «Реал Нефть». В исследовании приняли участие 25 человек, руководителей различного звена. В качестве инструментария было выделено две методики: тест-опросник К. Томаса на поведение в конфликтной ситуации, тест Кеттелла 16PF / Форма С.

Первым этапом эмпирического исследования было проведение методики К. Томаса на поведение в конфликтной ситуации.

Для дальнейшего анализа мы подсчитали выраженность стилей разрешения конфликтных ситуаций у сотрудников организации. Результаты представлены на рисунке 1.

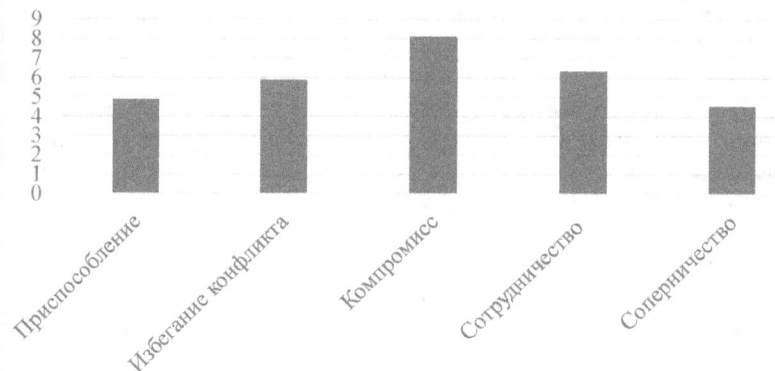

Рис. 1 Предпочитаемые стили разрешения конфликтных ситуаций у сотрудников организации

Как видно из рисунка 1, для сотрудников организации, предпочитаемой стратегией является стратегия компромисса (8,12 баллов). Для разрешения конфликтной ситуации данные испытуемые предпочитают соглашение на основе взаимных уступок или предлагают вариант, снимающий возникшее противоречие. Наименее приемлемой оказалась стратегия приспособления (4,53), недалеко от нее дистанцировалась и стратегия избегания (4,88 баллов).

Таким образом, участникам нашего исследования в конфликтных ситуациях наиболее свойственна стратегия поведения компромисс, которая выражается во взаимных уступках, способности договариваться и приходить к общему мнению.

Для изучения личностных особенностей нами была применена методика 16 – факторный опросник Кеттела (форма С).

Мы изучали личность сотрудников организации с помощью 16 – факторного опросника Кеттела (форма С).

В ходе исследования было установлено, что наибольшему количеству сотрудников организации свойственны:

- открытость, добродушие, легкость в общении, эмоциональность, готовность к сотрудничеству (A, 44%) - 11 чел;
- эмоциональная стабильность, зрелость, устойчивость, невозмутимость (C, 36%) - 10 чел;
- слабость, мечтательность, потребность во внимании со стороны других, при этом зависимость от этого внимания, помощи, низкая практичность (I, 44%) - 21 чел;
- подозрительность (L, 52%) - 13 чел;
- дипломатичность (N, 44%) - 11 чел.

Остальные показатели у наибольшего количества сотрудников организации выражены на среднем уровне.

Таким образом, результаты исследования личностных черт у сотрудников организации «Реал - Нефть» показали, что большинству из них свойственна коммуникабельность, высокая подозрительность, социальная смелость, дипломатичность, они быстро и легко воспринимают и усваивают новые знания, стремятся быть самостоятельными.

Для доказательства гипотезы о том, что личностные особенности руководителя взаимосвязаны со стилями поведения в конфликте, был проведен корреляционный анализ с помощью коэффициента корреляции К. Пирсона и статистического пакета программы SPSS Statistics для Windows, в результате которого были выявлены значимые корреляционные связи, представленные в таблице 1:

Таблица 1

Таблица значимых корреляционных связей

	Соперничество	Компромисс
Доминирование (E)	0,77**	
Нормативность поведения (G)	-0,75**	
Чувствительность (I)	-0,68**	
Конформизм (Q_2)	-0,41*	
Самоконтроль, сильная воля (Q_3)	-0,54*	
Уверенность в себе (MD)		0,63**
Внутренняя напряженность (Q_4)		

* корреляция значима при p≤0,05, ** корреляция значима при p≤0,01

Проведенное исследование показывает, что при интенсивном соперничестве наблюдается низкая чувствительность, и нормативность поведения, нонконформизм, доминирование, низкий самоконтроль.

1) Результаты исследования можно объяснить тем, что низкая чувствительность, жесткость приводят к тому, что руководители различного звена ООО «Реал - Нефть» в ходе конфликтных ситуаций предпочитают принимать стратегию соперничества.

2) По результатам исследования зависимости межличностных конфликтов в управленческой деятельности от личностных особенностей сотрудников организации компромисс связан, прежде всего, с уверенностью в себе, что является признаком высокой самооценки.

На основе полученных результатов можно сделать вывод, что руководителям различных подразделении ООО «Реал-Нефть» в конфликтных ситуациях наиболее свойственна стратегия поведения компромисс, которая выражается во взаимных уступках, способности договариваться и приходить к общему мнению. Что касается личностных особенностей, большинству из них свойственна коммуникабельность, высокая подозрительность, социальная смелость, дипломатичность, они быстро и легко воспринимают и усваивают новые знания, стремятся быть самостоятельными. Корреляционный анализ показал, что при интенсивном соперничестве наблюдается низкая чувствительность, и нормативность поведения, нонконформизм, доминирование, низкий самоконтроль.

Литература

1. Аверченко Л.К., Залесов Г.М., Мокшанцев Р.И., Николаенко В.М. Психология управления: Курс лекций. - Новосибирск: НГАЭиУ, 2016. - 392 с.
2. Друкер П. Ф. Практика менеджмента / пер. с англ. – М.: Вильямс, 2010 – 398с
3. Зеленевский Я. Введение в теорию организации и управления. - М.: Эксмо, 2011 - 448 с.

Метелик Н.П.
кандидат психологических наук, Ставропольский государственный медицинский университет, филиал в г. Ессентуки

ПРОБЛЕМЫ ИНВАЛИДОВ В СОВРЕМЕННОМ ОБЩЕСТВЕ

Проблема инвалидов, их адаптации в обществе, а также взаимодействие и отношение общества к данной группе людей, издавна известна в России и остается актуальной.

Лица с проблемами физиологического и психического развития могут появиться в любой семье, социальных условиях, этнической группе и в любой точке мира.

Инвалид – это термин в переводе с латинского означающий «непригодный», «неполноценный» [4,5]. Существует также понятие «инвалидность». Это специфическая особенность развития и состояния личности, сопровождающаяся ограничениями жизнедеятельности в самых разнообразных её сферах [5.57].

Таким образом, инвалидность - это проблема не только инвалида, но и общества в целом.

Слепые, глухие, немые люди, с нарушенной координацией движения, полностью или частично парализованные и т.п. признаются инвалидами в силу очевидных отклонений от нормального физического состояния человека. Инвалидами признаются также лица, не имеющие внешних отличий от обычных людей, но страдают заболеваниями, не позволяющими им трудиться в разнообразных сферах.

Все инвалиды по разным основаниям делятся на несколько групп:
• По возрасту: дети - инвалиды, инвалиды - взрослые.
• По происхождению инвалидности: инвалиды с детства, инвалиды войны, инвалиды труда, инвалиды общего заболевания.
• По степени трудоспособности: инвалиды трудоспособные и нетрудоспособные, инвалиды I группы (нетрудоспособные), инвалиды II группы (временно нетрудоспособные или трудоспособные в ограниченных сферах), инвалиды II группы (трудоспособные в щадящих условиях труда).
• По характеру заболевания инвалиды могут относиться к мобильным, маломобильным или неподвижным группам [1, с. 25].

В настоящее время слово «инвалид» ассоциируется с определением «больной». У большинства людей складывается представление об инвалидах, как о пациентах больниц,
которым требуется постоянный уход и противопоказано любое движение, но это далеко не так.

Инвалидность – это не приговор. Люди, считающиеся инвалидами, являются полноправными члены нашего общества и вполне могут приносить ему пользу. Среди инвалидов много творчески одаренных личностей, много людей, желающих активно работать. Это не только дало бы им возможность обеспечивать собственное содержание, но и вносить посильный вклад в развитие общества. Зачастую большинство из нас даже не подозревает об их существовании, не говоря уже об уровне этого существования.

Им просто нужна помощь в реализации их талантов, которыми они смогут достойно себя обеспечивать. Для искусства не имеют значения физические недостатки перспективного художника, музыканта или поэта. Даже если подобные увлечения останутся всего лишь на уровне хобби, польза от них будет весьма велика.

В цивилизованных странах слово инвалид давно заменено на словосочетание «люди с ограниченными возможностями». Считается, что уровень цивилизации общества в большинстве своем оценивается по его отношению к людям с ограниченными возможностями.

В уставе ООН (Организация объединенных наций) сказано, что каждый человек имеет право на удовлетворение разносторонних социальных потребностей в познании, общении и творчестве.

В 2017 году исполниться 25 лет с того момента, как ООН объявила 3 декабря Международным днем инвалидов. Этим самым было подчеркнуто, что инвалиды – важная часть человеческого сообщества, которая нуждается в признании своей полноценности и равных правах со здоровой частью общества. Считается, что на данный момент, инвалиды представляют собой самую многочисленную группу меньшинств [3.57].

Что касается статистики, в настоящее время в России около 11 миллионов человек с ограниченными возможностями, что составляет более восьми процентов населения. В стране ежегодно впервые признаются инвалидами свыше одного миллиона человек, из них более 50% - трудоспособного возраста. Наблюдается также ежегодный рост числа детей-инвалидов. Несмотря на рост числа инвалидов в России еще ничтожно мало учреждений, которые ведут работу по оказанию им социальной, социально-медицинской, материальной, социальной и другой помощи [6,24].

Права инвалидов отражены в федеральном законе «О социальной защите инвалидов в Российской Федерации». Социальная защита инвалидов включает систему гарантированных государством экономических, социальных и правовых мер, обеспечивающих инвалидам условия для преодоления ограничений жизнедеятельности и направленных на создание им равных с другими гражданами возможностей участия в жизни общества.

Создание оптимальных условий для воспитания, обучения, успешной коррекции нарушений, психолого-педагогической реабилитации, социально-трудовой адаптации и интеграции этих людей в общество относится к числу важнейших задач.

Психологический аспект отражает как личностно-психологическую ориентацию самого инвалида, так и эмоционально-психологическое восприятие проблемы инвалидности обществом. Инвалиды относятся к категории так называемого маломобильного населения, и является наименее защищенной, социально уязвимой частью общества. Психологические проблемы возникают при изолированности инвалидов от внешнего мира, как вследствие имеющихся недугов, так и в результате неприспособленности окружающей среды для инвалидов на креслоколясках, при разрыве привычного общения в связи с выходом на пенсию, при наступлении одиночества в результате потери супруга, при заострении характерологических особенностей в результате развития склеротического процесса, характерного для пожилых людей. Все это ведет к возникновению эмоционально-волевых расстройств, развитию депрессии, изменениям поведения [2,73].

В наше время положение людей с физическими недостатками существенно окрепло, выделяются денежные средства для строительства реабилитационных центров ,выплачиваются пособия, назначаются льготы. Инвалиды должны жить и работать среди здоровых людей, пользоваться наравне с ними всеми благами, чувствовать себя полноценными членами общества.

Одной из главных проблем, по-прежнему остается духовное развитие людей с ограниченными возможностями, их моральная поддержка. Нельзя забывать об их искалеченных судьбах, несбывшихся мечтах. Необходимо создавать как можно больше сообществ для инвалидов, чтобы у них была возможность общаться с себе подобными, нельзя допускать чтобы они замыкались в себе и четырех стенах своей комнаты. Инвалидность не повод ставить на себе крест и отказываться от всех радостей жизни! Главное, чтобы человек был крепок морально и духовно, полон решимости и воли к жизни, что гораздо важнее. Нужны так же и кружки по интересам. У каждого из нас есть свои возможности и таланты. И если человек ограничен в чем либо, это означает, что у него обязательно есть какие-то другие способности, которые, всего лишь, необходимо разглядеть.

Список использованной литературы

1. Васин С.А., Сороко Е.Л., Богоявленский Д.Д. социальный портрет инвалидности и социальная ущемленность инвалидов. Независимый институт социальной политики.

2. Долгалев Б.А., Ладикова В.Н. Социально- психологические проблемы инвалидов//Человек: его сущность, развитие и проблемы. Вып. 1/Под ред. В.С.Кукушина. Ростов н/Д., 2015.

3. Международный доклад «Всемирной организации здравоохранения» 2011г. http://www.who.int/topics/disabilities/ru/index.html

4. Настольная книга специалиста: Социальная работа с инвалидами/Под ред.Е.И. Холостовой, А.И. Осадчих. - М., 2016.

5. Основы социальной работы: Учебник/Отв. ред. П. Д. Павленок. - 2-е изд., испр. и доп. - М.: ИНФРА - М, 2014. - (Серия «Высшее образование»). - стр.196.

6. Портал «Всероссийская перепись населения 2010 года» http://www.Gks.Ru/free_doc/new_site/perepis2010/croc/perepis_itogi1612.Htm

Романова Е.В.
кандидат физико-математических наук, МФЮА

СФЕРИЧЕСКИ-СИММЕТРИЧНОЕ РЕШЕНИЕ ТЕОРИИ ГРАВИТАЦИИ В ПРОСТРАНСТВЕ КАРТАНА-ВЕЙЛЯ СО СКАЛЯРНЫМ ПОЛЕМ ДИРАКА

В истории создания современной теории гравитации прослеживается постепенное усложнение геометрической структуры, которой наделяется пространство-время. А. Эйнштейн в разработанной им общей теории относительности (ОТО) [1] наделяет четырехмерное пространство-время геометрической структурой искривленного пространства Римана.

Отношение к возможным обобщениям ОТО изменилось в конце XX и начале XXI века в связи с произошедшей научной революции в космологии, в результате которой изменились представления о свойствах наблюдаемой части Вселенной.

Наблюдательные открытия в космологии привели к гипотезе о существовании темной энергии, ответственной за эволюцию Вселенной, и темной материи, определяющей динамику галактик и скоплений галактик.

Существует несколько гипотез, объясняющих природу темной материи.

- Т.Матос в своих работах [2]-[3] рассматривает альтернативную космологическую модель – SFDM, в которой темная материя моделируется с помощью скалярного поля Ф, с потенциалом

- С.Капоццилло [4]-[5] разрабатывает гипотезу о том, что скалярное поле может выполнить задачи, возлагаемые на темную материю.

Придерживаясь концепции, развитой в работах [4] –[10], согласно которой пространство-время наделено геометрической структурой пространства Картана–Вейля, в которой особую роль играет скалярное поле Дирака, моделирующее темную материю. В работах [11]–[13] была построена калибровочная теория гравитационного поля для группы Пуанкаре–Вейля и было показано, что в пространстве-времени возникает геометрическая структура пространства Картана –Вейля и возникает требование необходимого существования дополнительного скалярного поля.

Целью работы является нахождение сферически симметричного решения для центральной массы в пространстве Картана–Вейля со скалярным полем Дирака, что позволит описать распределение темной материи вблизи тяготеющих масс. В формализме внешних дифференциальных форм строится 4-форма лагранжевой плотности теории:

$$\mathcal{L} = 2f_0 \left[(1/2)\beta^2 \mathcal{R}^a_{\ b} \wedge \eta_a^{\ b} + \rho_1 \beta^2 T^a \wedge *T_a + \rho_2 \beta^2 (T^a \wedge \theta_b) \wedge *(T^b \wedge \theta_a) + \right.$$
$$+ \rho_3 \beta^2 (T^a \wedge \theta_a) \wedge *(T^b \wedge \theta_b) + 16\xi \beta^2 Q_{ab} \wedge *Q^{ab} + 4\zeta \beta^2 Q_{ab} \wedge \theta^a \wedge *T^b +$$
$$+ l_1 d\beta \wedge *d\beta + l_2 \beta d\beta \wedge \theta^a \wedge *T_a + l_3 \beta d\beta \wedge *Q \left. \right] +$$
$$+ \beta^4 \Lambda^{ab} \wedge (Q_{ab} - (1/4)g_{ab} Q). \tag{1}$$

Здесь ^ – символ внешнего умножения, d – оператор внешнего дифференцирования, * – дуальное сопряжение Ходжа, а θ^a – базисные 1-формы, $\eta_a{}^b = *(\theta_a \wedge \theta^b)$, Λ^{ab} – неопределенные множители Лагранжа (3-формы), $f_0 = c^4/16\pi G$, ρ_i, ξ, ζ, l_i – константы связи (i = 1, 2, 3). Варьирование производится по независимым переменным: 1-формам неголономной связности $\Gamma^a{}_b$, базисным 1-формам а θ^a, скалярному полю β и неопределенным множителям Лагранжа Λ^{ab}. В результате выводятся вариационные Г-, θ - и β - уравнения

Рассматривая полученные уравнения в сферически-симметричном случае, метру выберем в виде:

$$ds^2 = e^{-2U(r)}\left[e^{-\mu(r)}dt^2 - e^{\mu(r)}(dr^2 + r^2(d\theta^2 + \sin^2\theta d\phi^2))\right], \qquad (2)$$

Возникает пространство Картана–Вейля со значением q=-8, и выражениями для скалярного поля Дирака и метрики $\beta(r) = \beta_0 \exp(\pm k r_0/2r)$, $\mu(r) = r_0/r$, где r_0 и β_0 - произвольные константы интегрирования. При β_0=1 получаем метрику:

$$ds^2 = e^{\pm\frac{kr_0}{r}} ds^2_{PIR}, \qquad (3)$$

$$ds^2_{PIR} = e^{-\frac{r_0}{r}} dt^2 - e^{\frac{r_0}{r}}(dr^2 + r^2(d\theta^2 + \sin^2\theta d\varphi^2)). \qquad (4)$$

Полученная метрика (4) при больших значениях *r* приводит в первом приближении к тем же самым экспериментальным результатам, как и метрика Шварцшильда, если константу интегрирования выбрать равной гравитационному радиусу центрального тела $r_0 = r_g = 2Gm/c^2$. Однако для больших расстояний, например, в пределах Солнечной системы или на галактических расстояниях, приближенные значения найденных метрик будут отличаться от соответствующих приближений метрики Шварцшильда. Это будет приводить к тому, траектории движения космических аппаратов в Солнечной системе и движение звезд в галактиках будут отличаться от тех, которые определяются метрикой Шварцшильда. Этот факт определяет возможное практическое значение полученных сферически симметричных решений.

Литература:

[1] Альберт Эйнштейн и теория гравитации /Сборник статей (К 100-летию со дня рождения). – М.: Мир, 1979. – 592 с.

[2] Matos T., Guzman F.S., Urena-Lopez L. A., Nunez D. Scalar Field Dark Matter [Электронный ресурс]//Proceeding of the "Mexican Meeting on Exact Solutions and Scalar 60th Birthday. – 2001– URL://http://http://arxive.org/abs/astro- ph/0102419v2).

[3] Matos T., Urena-Lopez L.A. Scalar Field Dark Matter, Cross Section and Planck-Scale Physics Fields in Gravity" in honour of Heinz Dehnen's 65th Birthday and Dietrich Kramer's // Phys. Lett. – 2002. – V. B538. – P. 246–250 (arxive.org/astro-ph/0010226v2)

[4] Mota D.F., Salzano V., Capozziello S. Unifying static analysis of gravita- tional structures with a scale- dependent scalar field gravity as an alternative to dark matter // Phys. Rev. D. – 2011. – V. 83. – P. 084038.

[5] Salzano V., Mota D.F., Capozziello S., Napolitano N.R. Unifying static analysis of gravitational structures with a scale-dependent scalar field grav- ity as an alternative to dark matter // Astronomy & Astrophysics. – 2014. – P. A131 (22).

[5] Babourova O. V., Frolov B. N., Kostkin R. S. Dirac's scalar field as dark energy with the frameworks of conformal theory of gravitation in Weyl–Cartan space // ArXive: 1006.4761[gr-qc]. – 2010.

[6] Babourova O. V., Frolov B. N. Dark energy, Dirac's scalar field and the cosmological constant problem // ArXive: 1112.4449 [gr-qc]. – 2011.

[7] Бабурова О. В., Косткин Р. С., Фролов Б. Н. Проблема космологической постоянной в рамках конформной теории гравитации в пространстве Вейля–Картана // Известия высших учебных заведений. Физика. – 2011. – Т. 54. – No1. – С. 111–112.

[8] Бабурова О. В., Липкин К. Н., Фролов Б. Н. Теория гравитации со скалярным полем Дирака и проблема космологической постоянной //Известия высших учебных заведений. Физика. – 2012. – Т.55. – No 7. – С. 113–115.

[9] Babourova O. V., Frolov B. N., Lipkin K. N. Theory of gravity with a Dirac scalar field in the exterior form formalism and cosmological constant problem //Gravitation and Cosmology. – 2012. – V.18. – No 4. – P. 225–231.

[10] Babourova O. V., Frolov B. N., Klimova E. A. Plane torsion waves in quadratic gravitational theories in Riemann–Cartan space // Class. Quantum Grav. – 1999. – V. 16. – P. 1149–1162 (qr-qc/9805005).

[11] Babourova O. V., Frolov B. N., Zhukovsky V. Ch. Gauge Field Theory for Poincarè–Weyl Group // Phys. Rev. D. – 2006. – V. 74. – P. 1–12 (gr-qc/0508088, 2005).

[12] Бабурова О. В., Жуковский В. Ч., Фролов Б. Н. Модель пространства--времени Вейля–Картана на основе калибровочного принципа //Теоретич. матем. физ. – 2008. – Т. 157. – No1. – С. 64–78.

[13] Babourova O. V., Frolov B. N., Zhukovsky V. Ch. Theory of Gravitation on the Basis of the Poincarè–Weyl Gauge Group // Gravitation and Cosmology. – 2009. – V. 15. – No 1. – P. 13–15.

Кохан О.Н.
ФГАОУ ВО «Крымский федеральный университет им. В.И. Вернадского»
princesse.2012@mail.ru

ЛОНДОНСКИЙ ТЕКСТ В РОМАНЕ САРЫ УОТЕРС «TIPPING THE VELVET»

Исследование особенностей городского текста является одним из приоритетных и актуальных тематик современного литературоведения. Роль урбанистического пространства в том или ином произведении вызывает огромный интерес множества отечественных и зарубежных исследователей.

Основоположником современной теории города, а также одним из основателей городской социологии принято считать немецкого философа Георга Зиммеля. В его работе «Большие города и духовная жизнь» представлено описание общественных инструментов городской цивилизации, а также особенностей внутреннего мира жителей больших городов. Г. Зиммель исследовал влиятельную способность больших городов на психологию его жителей. По мнению Зиммеля, психологическая основа, на которой выступает индивидуальность большого города, является повышенной нервозностью жизни, происходящей от быстрой и непрерывной смены внутренних и внешних впечатлений [7, 1].

Немецкий историософ и теоретик Освальд Шпенглер интерпретировал город как социально-культурный организм и ввел понятие «душа города». Ученый подробно исследовал понятия «культура» и «цивилизация», а также рассматривал пространство города как культурно-исторический феномен. В произведении «Закат Европы» О. Шпенглер отметил, что «горизонтальная проекция городов есть отражение судеб народа; лишь вырисовывающиеся в силуэтах башни и купола рассказывают о логике в картине мира их строителей, последних причинах и действиях в их вселенной» [13].

Исследователь Воробьева Л.С. определяет город, как сложный, непрерывно меняющийся продукт человеческой деятельности, а также центр материальной и духовной культуры, что делает его предметом осмыслений различных областей знаний, в том числе и филологии [5, 15]. Интерпретацией и изучением понятия «городской текст», а также семантикой и семиотикой пространства занимались такие ученые, как Ю.М. Лотман, В.Н. Топоров, Р. Барт и другие. С помощью городского текста географическое урбанистическое пространство осмысляется и интерпретируется как элемент культуры в целом, и элемент литературы в частности.

Ролан Барт занимался исследованием текстовых кодов и интерпретировал их как структурообразующие и смыслопорождающие элементы городского текста. По мнению Барта, эти элементы включают в себя определенные доминанты и коннотации. Доминантами городского текста являются реалии пространства, которые характеризуют тот или иной город. При этом смысловые коннотации образуются путем взаимодействия текстовых кодов с доминантами [4].

Лотман Ю.М., изучая связь географического пространства и человеческого сознания, отметил тот факт, что «возникнув в определенных исторических условиях, географическое пространство получает различные контуры в зависимости от характера общих моделей мира, частью которых оно является» [8, 408].

В основе анализа городского текста заложен структурализм, который определяет пространство города как структуру. Как отмечает Воробьева Л.В., текст понимается, и как структура, и как процесс, поэтому на современном этапе развития изучения городского текста к структурализму подключаются постструктуралистские подходы и тенденции, и, как следствие, исследования городского текста являются методологическим сочетанием структурализма и постструктурализма, основанном на категории текста [6, 55].

Исследуя особенности городского текста, Соснин А.В. отмечает, что город становится культурной семиосферой – не только средоточием цивилизации и культуры, но и неким сакральным топосом, на который накладывается сетка символико-мифологических представлений [11, 101-102]. По мнению исследователя, понятие городского текста отражает неклассический тип художественного мышления и новые эстетические реалии XX в. Городской текст в литературоведении является комплексом образов, мотивов и сюжетов, который воплощает модель городского бытия как специфического феномена культуры [11, 101].

Начало формирования лондонского текста литературоведы относят к первой трети XIX века, одним из основоположников лондонского текста принято считать известного английского писателя Чарльза Диккенса. Пространство Лондона изображено во многих литературных произведениях известных авторов ушедших и современной эпох.

Анализ концептов лондонского текста – культурных маркеров является важным этапом исследования лондонского текста английской литературы, который насыщен упоминаниями о конкретных зданиях, улицах, парках, площадях города, что является важной составляющей его концептосферы [14, 207]. Лондонский текст изобилует названиями в художественных произведениях, как подлинными, так и вымышленными: Park Lane, Trafalgar Square, Piccadilly, Cherry Tree Lane, Victoria Street, Cork Street, Oxford Street, Green Street,Leadenhall Street, Thames Street и т.д [14, 208].

Говоря о понятии «лондонский текст» Соснин А.В. определяет его как усложненный конструкт аккумулирующего типа, характеризующийся высокой неопределенностью и отмечает, что текст такой сложной структуры не может быть простым отражением Лондона – он предполагает более высокие цели, в нем воплощен английский человек, Англия и весь (цивилизованный) мир [11, 104]. Помимо этого, через Лондон и топографию его улиц раскрываются биография и творчество писателей-лондонистов [11, 105].

По мнению Соснина М.В. исследование основных составляющих английскости, а также установление наиболее важных, вековых характеристик англичан и Лондона как образующего фактора английской цивилизации невозможны без обращения к лондонскому тексту, который эмпирически обобщает произведения, где фигурирует английская столица [11, 101]. Исследователь характеризует лондонский текст как формализованное семантическое представление объекта реальной действительности, которое включает в себя не только объективно истинные признаки – выявление признаков лондонского текста осуществляется на материале английского литературного канона и с помощью строгих интерпретирующих процедур. [11, 105].

В английской литературе Лондон традиционно концептуализируется как крайне запутанное пространство, лабиринт. Это связано с тем, что британская столица никогда не строилась по единому плану, всегда отличалась крайней хаотичностью застройки, однако в литературе все-таки были попытки представить Лондон как упорядоченное пространство [12, 59].

В лондонский текст английской литературы входят произведения известных писателей ушедших веков, а также современной эпохи, сделавших определенный вклад в британскую культуру – Чарльза Диккенса, Уильяма Теккерея, Джеймса Гринвуда, Роберта Льюиса Стивенсона, Вирджинии Вулф, Джона Голсуорси, Джона Бойнтона Пристли, Сары Уотерс, Питера Акройда, Джулиана Барнса и многих других.

Сара Уотерс (1966) – современная британская писательница, является известным автором неовикторианской прозы. На данный момент Сарой Уотерс написаны 6 романов, 3 их которых литературоведы относят к неовикторианским – «Tipping the velvet» («Бархатные коготки») (1998), «Affinity» («Нить, сотканная из тьмы») (1999), «Fingersmith» («Тонкая работа») (2002).

Исследуя особенности неовикторианской прозы Сары Уотерс, Стефания Чиочиа отмечает достоверность эпохи, присущую романам Уотерс, которая выражается в изображении множества незабываемых героев, злодеев, второстепенных персонажей, а также в описании несомненно порочных развлечений и грехов столичной жизни [2, 2].

Как считает Моисеев О.А., будучи великолепным стилистом, Сара Уотерс блестяще выстраивает свой текст в духе литературы того времени, так, например, в романе «Tipping the velvet» («Бархатные коготки») и его экранизации внимательный читатель и зритель выделит и традиции плутовского романа, и пафос «романа взросления» [19]. С помощью различных стилистических приемов и техник, а также собственного оригинального стиля письма неовикторианских романов, Сара Уотерс изображает викторианскую Англию в современной интерпретации.

Умение Сары Уотерс показывать внутренний мир своих героев, их эмоциональное состояние в периоды взлетов и падений, их чувства и переживания, надежды и утраты составляет центральную тему ее неовикторианских романов, с чем автор мастерски работает в каждом произведении. Лондонский текст, присутствующий в неовикторианской прозе Сары Уотерс, помогает автору раскрыть особенности викторианского Лондона и показать его влияние на главных героинь романов.

Роман «Tipping the velvet» («Бархатные коготки») (1998) повествует о жизни молодой девушки, чей образ жизни может восприниматься как маргинальный с позиций суровых викторианских норм. Главная героиня романа Нэнси Астли проходит через испытания и преграды, сталкивается с ожесточенным непониманием викторианского социума, не одобряющего ее личный выбор. Британская столица играет немаловажную роль в проявлении сущности главной героини, ведь именно в ней она находит свое призвание, открывается для самой себя и для общества с новой, ранее неизвестной стороны. Перемена привычного образа жизни, начало непредвиденной карьеры в лондонских мюзик-холлах, перевоплощение в мужской образ, однополая любовь – ключевые моменты в жизни провинциальной девушки из Уитстейбла, однажды ставшей столичной жительницей. Лондон в романе «Tipping the velvet» можно назвать местом поиска самоидентичности и пространством самовыражения.

Прежде всего, следует отметить организацию культурного пространства романа – в тексте произведения присутствует немало культурных маркеров Лондонского текста. Они выражается в различных названиях, которые характеризуют и делают узнаваемой британскую столицу: названия улиц и районов – Strand (Странд), Whitehall (Уайтхолл), Pall Mall (Пэлл-Мэлл), Haymarket (Хеймаркет), Camden Town (Камден-Таун), West End (Уэст-Энд), East End (Ист-Энд) Poplar (Поплар), Islington (Ислингтон), Battersea (Баттерси), Camberwell (Камберуэлл), Lambeth (Ламбет) и др.; названия станций метро – Charing Cross (Чаринг-Кросс), Marylebone (Марилебон); названия достопримечательностей – Trafalgar Square (Трафальгарская площадь), National Gallery (Национальная галерея), Leicester Square (Лестер-Сквер); названия театров – Alhambra (Альгамбра), Empire (Эмпайр), Criterion (Критерион), London Pavilion (Лондон Павильон), Trocadero Palace (Варьете Трокадеро), Prince's Theatre (Театр принца).

Знакомство главной героини с Лондоном проходило весьма ярко и зрелищно. Поездка по центральным улицам с известными мюзик-холлами – Пэлл-Мэлл (Pall Mall), привлекающей внимание светскими заведениями, и Хеймаркет (Haymarket), славящейся одноименным театром (Haymarket Theatre) и «Театром Её Величества» (Her Majesty's Theatre) не могла не впечатлить юную провинциальную леди: «For we had reached Pall Mall and turned into the Haymarket, where the theatres and the music halls begin; and as we rumbled past them he raised his hand and tilted the brim of his hat in a kind of salute. Her Majesty's,' he said, nodding to a handsome building on his left. The Haymarket... The Criterion, or Cri: a marvel of a theatre, built entirely underground.' Theatre upon theatre, hall upon hall; and he knew all their histories. 'And finally," he said - and here he removed his hat entirely, and held it in his lap - 'finally, the Empire and the Alhambra, the handsomest music halls in England, where every artiste is a star...» («Когда мы добрались до Пэлл-Мэлл и свернули на Хеймаркет, где один за другим идут театры и концертные залы, он в знак приветствия тронул поля шляпы. — «Театр ее величества». — Мистер Блисс кивнул влево, где показалось красивое здание. «Хеймаркет... «Критерион», или «Кри», — чудо-театр, построен целиком под землей. — Театр следовал за театром, концертный зал за концертным залом, и мистер Блисс знал историю каждого... И наконец, — сказал он, снимая шляпу и кладя ее на колени, — наконец, «Эмпайр» и «Альгамбра» — лучшие мюзик-холлы в Англии, где выступают сплошь звезды...») [3, 72].

Приехав в Лондон, Нэнси почувствовала, то, чего ей не хватало ранее – обыденность и рутинность сменилась разнообразием. Следует отметить, что автор, повествуя в романе о мюзик-холле, иногда называет его варьете «Variety», что переводе с английского языка означает «разнообразие». Сцена мюзик-холла или варьете – это разнообразие, которой не исчерпывается одной лишь пестротой показываемых номеров, а является еще и разнообразием идентичностей [10]. Фееричное знакомство со столицей достигло своего апогея в центре города при встрече со знаменитым британским мюзик-холлом: «We are at the heart of London,' said Mr Bliss as she did so, 'the very heart of it. Over there' – he nodded to the Alhambra -'and all around us' - and here he swept his hand across the square itself - 'you see what makes that great heart beat: Variety! Variety, Miss Astley, which age cannot wither, nor custom stale.' Now he turned to Kitty. 'We stand,' he said, 'before the greatest Temple of Variety in all the land» («Мы находимся в самом сердце Лондона, — объяснил при этом мистер Блисс, — самом-самом. Вот там, — он указал кивком на «Альгамбру», — и кругом, — он обвел жестом площадь, — вы видите то, что заставляет биться это огромное сердце, — разнообразие...»! Разнообразие, мисс Астли, не подвластное ни времени, ни привычке. — Он повернулся к

Филологические науки

Китти. — Мы стоим перед величайшим во всей стране Храмом Разнообразия») [3, 73].

Двоякое, но в тоже время сильное впечатление Нэнси от британской столицы как будто характеризует жизнь города, идеального, но в то же время порочного, а также предстоящую участь главной героини в нем: «I had not known there were theatres like this in the world. I had not known that there was such a place as this, at all - this place that was so squalid and so splendid, so ugly and so grand, where every imaginable manner of person stood, or strolled, or lounged, side by side» («Я не подозревала, что подобные театры вообще существуют на свете. Не знала даже, что существуют такие площади — одновременно грязные и роскошные, уродливые и величественные, где бок о бок стоит, прогуливается, слоняется всякий мыслимый и немыслимый люд») [3,73].

Символичным является смена городского пейзажа в первый день посещения Нэнси Лондона – вначале это яркие краски центра города, завораживающего своей неоднозначной красотой, затем, отдаляясь от центра и постепенно приближаясь к месту поселения, картина сменилась обычными маленькими домами и серыми улицами: «Once we had left the West End and crossed the river, the streets grew greyer and quite dull… There was none of that strange glamour, that lovely, queer variety of Leicester Square. Soon, too, the streets ceased even to be smart, and became a little shabby; each corner that we passed, each public house, each row of shops and houses, seemed dingier than the one before» («Вне Уэст-Энда, за рекой, улицы потеряли краски и сделались скучными… От колдовского очарования, приятного, необычного разнообразия Лестер-сквер не осталось и следа. Скоро и опрятные фасады сменились обветшавшими; каждый следующий угол, кабак, ряд лавок и домов был грязнее предыдущего») [3,74-75]. Смена городского пейзажа как будто отражала творческий и личный путь, Нэнси который ей предстояло пройти в недалеком будущем – со временем праздник и веселье мюзик-холльной жизни и любовная безмятежность сменятся разочарованием и утратой.

По истечении недолгого времени провинциальная девушка из Уитстейбла превратилась в уверенную жительницу Лондона. Ее любовь к Лондону – это отражение ее главных чувств, любовного увлечения, которое привело ее в столицу: «And as we did so we seemed to learn the ways and manners of the whole unruly city; and I grew as easy, at last, with London, as with Kitty herself- as easy, and as endlessly fascinated and charmed» («Мы узнали весь этот легкомысленный город, с его ухватками и манерами, я приспособилась к нему, как приспособилась к Китти, и, как ею, была им очарована») [3, 98]. Возможно, между любовным увлечением Нэнси и английской столицей даже есть что-то общее – та самая загадочность и непредсказуемостью, которая влечет за собой и убеждает идти дальше, несмотря на непредсказуемый финал, что обычно делает Лондон с провинциалами, приезжающими в надежде покорить его.

В тексте романа присутствуют также названия мостов – London Bridge (Лондонский мост), Battersea Bridge (мост Баттерси), Lambeth Bridge (Ламбетский мост). Литературоведы говорят о значимой роли мостов в художественных произведениях, особенно когда речь идет о Лондонском мосте (London Bridge). Писатель Питер Акройд отмечает особую связь Лондонского моста с произведениями фольклора, и упоминает о великой метафоре жизненного пути «Я по мосту по Лондонскому шел», с которой начинались некоторые древние песни и стихотворения [1, 726].

По мнению исследователей Шуруповой О.С., Коротиной Г.И. концепт «London Bridge» является весомым для организации Лондонского текста английской литературы, реализуя в нем, как и в фольклоре, как негативные признаки – мост словно бы следит за жителями Лондона, подстерегает их, так и семантический компонент «жизненный путь». Лондонский мост, являясь своеобразным символом города, порой выступает в роли безмолвного свидетеля поступков его жителей [14, 208].

Изображение мостов в романе, указывая на масштабность и величие Лондона, говорит о судьбоносных переменах, случившихся в жизни главной героини в британской столице, об осознании отсутствия обратного пути и постоянного движения в неизвестное прошлое: «We visited the river - stood on London Bridge, and Battersea Bridge, and all the bridges in between… It was the Thames, I knew, which widened at its estuary to form the kind, clear, oyster-bearing sea I had grown up on. It gave me an odd little thrill, as I stood gazing at the pleasure-boats beneath Lambeth Bridge, to know that I had journeyed against the current - had made the trip from palpitating metropolis to mild, uncomplicated Whitstable in reverse» («Мы ходили к реке, стояли на Лондонском мосту, мосту Баттерси и на других мостах, расположенных в промежутке… А ведь эта самая Темза через широкий эстуарий вливается в замечательный, прозрачный, богатый устрицами залив, на берегу которого я выросла. Любуясь прогулочными лодками под Ламбетским мостом, я испытывала странный трепет при мысли о том, что совершила путешествие против течения: путь от неугомонной столицы до сонного незамысловатого Уитстейбла я проделала в обратном направлении») [3 ,97].

Анализ особенностей лондонского текста романа «Tipping the velvet» позволяет сделать вывод о наличии в тексте культурных маркеров, позволяющих более полно охарактеризовать картину столичной жизни, а также эмоциональное состояние главной героини в момент первого впечатления и дальнейшего существования в Лондоне. Лондон в данном произведении можно назвать пространством перемен и самопознания, местом проявления скрытой сущности и обретения призвания.

Настоящая работа выполнена при поддержке Программы развития Федерального государственного автономного образовательного учреждения высшего образования «Крымский федеральный университет имени В.И. Вернадского» на 2015-2024 годы в рамках реализации академической мобильности по проекту ФГАОУ ВО «КФУ имени В.И. Вернадского» «Сеть академической мобильности «Академическая мобильность молодых ученых России АММУР»» в Институте филологии, журналистики и межкультурной коммуникации ФГАОУ ВО «Южный федеральный университет».

Литература
1) Ackroyd P. London: the Biography // London: Vintage, 2000. – P. 822.
2) Ciocia S. 'Queer and Verdant': the textual politics of Sarah Waters's neo-Victorian novels // Literary London. – 2007. – Volume 5. – Issue 2. – P. 1-15.
3) Waters S. Tipping the velvet // Virago, London. – 1999. – P. 542.
4) Барт Р. Основы семиологии // Структурализм: «за» и «против». – М., Прогресс, 1975. – С. 114–163.
5) Воробьева Л.В. Лондонский текст Е.И. Замятина как смоделированное пространство // Вестник Томского государственного университета. Филология. – Томск, 2008. – № 308. – С. 15-19.
6) Воробьева Л.В. Стратегии интерпретации лондонского текста в русской литературе первой половины XX века // Коммуникативные аспекты языка и культуры: сборник материалов XI Международной научно-практической конференции студентов и молодых ученых/ Национальный исследовательский Томский политехнический университет (ТПУ). – Томск, 2011. — Ч. 1. — С. 54-57.
7) Зиммель Г. Большие города и духовная жизнь [Электронный ресурс] // Журнальный зал. – URL: http://magazines.russ.ru/logos/2002/3/zim.html.
8) Лотман Ю.М. Избранные статьи. – Таллинн, 1993. – Т.3. – С. 495.
9) Моисеев О.А. Бархатная нежность [Электронный ресурс]. – 2012. URL: https://www.proza.ru/2012/10/09/51.
10) Поваляева Н.С. Мюзик-холл и другие – много букв и немного картинок [Электронный ресурс] // Livejournal.com. – 2012. – Режим доступа: http://picas-so.livejournal.com/689280.html).
11) Соснин А.В. Пролегомены к описанию лондонского текста // Вестник ВГУ. Серия: лингвистика и межкультурная коммуникация. – Воронеж, 2012. – №2. – С. 101-107.
12) Соснин А.В. Упорядоченность Лондона и вортицизм. Визуальный компонент текстов о Лондоне // Вестник ВГУ. Серия: филология. Журналистика. – Воронеж, 2014. – №3. – С. 59-63.
13) Шпенглер О. Закат Европы. Очерки морфологи и мировой истории. – М.: Мысль, 1998. – С. 606.
14) Шурупова О.С., Коротина Г.И. Культурное пространство лондонского текста английской культуры // Филологические науки. Вопросы теории и практики. – Тамбов: Грамота, 2013. – № 8 (26). – Ч.I/. – С. 207-209.

Гришина Д.Д.
ГБОУ Школа № 1532
адрес электронной почты: grischina-d@yandex.ru

О ПОНЯТИИ СТИЛЯ, ЖАНРА И СТИЛИСТИЧЕСКОЙ НОРМЫ В ЛИНГВИСТИКЕ

Понятие стиля является центральным понятием в стилистике. Но его определение и употребление не одинаковы в различных источниках, существуют более или менее отличные друг от друга мнения о природе речевого стиля. Об этом понятии до сих пор спорят многие исследователи. Оно употребляется многообразно и порой противоречиво в художественной литературе, специальной научной литературе, лингвистике, литературоведении и стилистике.

Прежде всего, необходимо отметить, что понятие стиля является специфическим, антропологическим, вернее сказать, оно обладает явной культурологической составляющей. Стиль связан с какими-либо проявлениями человеческой деятельности, в том числе речевой деятельности и сферы общения людей, соответственно, с выражением определенной интенции, цели.

«Стиль - явление социальное и значит диалогическое и, кроме того - историческое; поскольку деятельность, в том числе речевая, происходит в разных ситуациях и сферах, сопровождающихся различными целями, последние влияют на особенности организации речи, ее структуры» [6,10].

Появившись в русском языке в Петровское время, слово "стиль" (с вариантом "штиль") означало 'способ письма', позже это понятие было перенесено в область искусств, означая 'единство выразительных средств'. В вопросе определения понятия "существовало три основных ориентации: стиль соотносили либо с объектом (предметом речевой деятельности), либо с субъектом этой деятельности, либо пытались рассматривать его как объектно-субъектное образование" [2,12].

При сопоставлении всех значений слова "стиль" в современном русском литературном языке (а их 9 по данным "Большого толкового словаря русского языка" [15,1269-1270]) обнаруживается ряд общих признаков. Самым общим из них является связь понятия "стиль" с человеческой деятельностью, его следует рассматривать как целенаправленное и осознанное явление культуры.

И.Р.Гальперин указывает на то, что расплывчатость понятия "стиль" обусловлено тем, что с помощью этого термина могут обозначаться совершенно различные объекты изучения, а именно "адекватность выражения мысли вербальными средствами, индивидуальная характеристика слога писателя, техника письменного изложения (сочинения), приемы ораторского искусства и др." В этой связи ученый предлагает вспомнить две полярные точки зрения на понятие стиля: "Стиль - это сам человек" (Бюффон) и "Стиль - это подходящее слово в подходящем месте" (Свифт). В первом случае имеется в виду только лишь индивидуальный слог писателя, а во втором - только техника письменного изложения [4,6].

Под «стилем» Э.Г. Ризель подразумевает «исторически изменчивый, функционально и экспрессивно обусловленный способ употребления языка в различных областях человеческой деятельности, объективно осуществляемый путем выбранной с учетом цели коммуникации и упорядоченной языковыми нормами совокупности лексических, грамматических и фонетических средств» [12,16].

Голландский исследователь Н.Энквист [1971] дает, по мнению Н.М.Наер, самое полное и самое приемлемое определение, которое подчеркивает функциональную составляющую и объединяет все формы существования стиля: «Стиль – это форма систематизированной языковой вариативности».

Однако, нуждаясь в обобщении, а также основываясь на том, что особенности функционального стиля определяются областью применения языка и суждением о том, что функциональный стиль – это совокупность характерных для какой-либо языковой сферы стилевых черт и принципов [10,23], Н.М.Наер предлагает считать оптимальной формулировкой следующую: «Функциональный стиль – это социально осмысленная и функционально замотивированная форма языковой вариативности» [11,20-21].

И.В. Шерстяных указывает, что в лингвистической литературе вопрос об определении функционального стиля решается неоднозначно. При описании функциональных стилей языка лингвистическая стилистика опирается на следующие положения:

1) стилевая дифференциация литературного языка — явление исторически обусловленное и исторически изменчивое;

2) дифференциация литературного языка на стили вызывается функциональной целесообразностью: осознаваемые коллективом говорящих как целесообразные отбор, комбинирование, внутренне обусловленное объединение средств в стилевую систему зависят, прежде всего, от того, в какой сфере общественной деятельности происходит общение;

3) стилевая система обладает относительной замкнутостью [8,237].

Несмотря на многочисленные разногласия, зарубежные лингвисты сходятся во мнении, что границы стиля размыты, но если попытаться создать иерархию, то ее можно представить следующим образом:

Отдельно взятый функциональный стиль стоит на вершине этой иерархии и включает в себя большее или меньшее число подстилей. Это жанры, которые, в свою очередь, представлены конкретными типами/сортами текстов (Textsorten). Как раз в них мы и можем увидеть конкретное функциональное употребление тех или иных языковых единиц.

К *официально-деловому* стилю принадлежат: канцелярский и административный подстили, дипломатический подстиль, юрисдикционный, законодательный, подстиль торговли и т.д. Они имеют как общие стилистические черты, так и отдельные отличные друг от друга элементы языковой реализации (например, узкоспециализированная лексика, построение предложений, специфические клише и т.п.). Примеры жанров официально-делового стиля: законы, указы, инструкции, парламентские речи, протоколы, приговоры, петиции, докладные записки и др.

В составе стиля *художественной литературы* рассматриваются отдельные роды: эпос, лирика, драма, которые, в свою очередь, представлены отдельными жанрами.

Научный стиль принято разделять на академический и научно-популярный подстили (типы текстов: учебник, научная статья, словарь, реферат, рецензия)

Если рассматривать отдельно стиль *публицистики и прессы,* в основе которого стоит задача формирования общественного мнения, то можно говорить о следующих подстилях/жанрах: информативный (тип текста: сообщение); литературно-публицистический (рассказ) и аналитический (статья, комментарий).

Внутри стиля *обиходного (разговорного) общения* выделяют разговоры в кругу семьи/друзей, на работе, личные письма и т.д.

Причем единицы различных языковых уровней могут выступать в качестве функциональных синонимов; ср. проблему взаимосвязи причастных оборотов и придаточных предложений в немецком и русском языках, описанную в работах Е.В.Бирюковой [1].

Лингвостилистическая специфика текста по Ю.В.Щипицыной включает фонетические, лексические, грамматические и стилистические средства/компоненты.

Лексический аспект: употребление специальных терминов, особых обозначений, реалий, заимствованных слов, фразеологизмов, экспрессивность при подборе слов.

Грамматический аспект: номинальные или вербальные конструкции, структура и длина предложений, преобладание определенных типов предложений, употребление клише/свобода при составлении предложений.

Стилистический аспект: оформление текста в соответствии с функциональной областью употребления (к примеру, образность и выразительность, наглядность и экспрессивность в большей степени свойственны стилю художественной литературы, в то время как в технических и официальных текстах можно найти клише и стандартную лексику).

Область фонетики играет большую роль при описании стиля разговорной речи, а для деловой прозы (научный и официальный стиль) следует учитывать архитектонические языковые средства [9,23-25].

Говоря о стилистических нормах, то есть о тех средствах, которые целесообразно употреблять в том или определенном речевом жанре, необходимо отметить, что жанр, переходя из стиля в стиль, теряет определенное стилистическое оформление. Например, первичный жанр *просьба* в официально-деловом стиле находит выражение в форме *ходатайства, требования; соглашение - коммюнике* и т.д. Общностью, объединяющей стилистически неоднородные по стилистике высказывания, становится интенция говорящего.

Так, Н.В.Орлова считает, что переходя из стиля в стиль, жанр сохраняет иллокутивную структуру и особенности диктума. Но стили диктуют свои нормы. "Стилистическая специфика", по наблюдениям Н.В.Орловой, сводится к трем основным моментам: 1) соотношение когнитивного и прагматического: оценка присутствует везде, но в разной степени; 2) степень экспликации намерения; 3) наличие стилистически окрашенных единиц, прежде всего лексического уровня [7,54].

Итак, стиль конкретного текста воспринимается прежде всего по определенным маркерам, в сущности, по окрашенным средствам языка. И даже не совпадающие по стилю жанры могут быть смежными, объективно близкими.

Стиль определяет речевые нормы построения текстов различных жанров, при этом мера нормативности каждого из них зависит от степени категоричности, формализованности отношений в разных сферах общения. К примеру, военный и деловой дискурс, жанры научного общения, безусловно, нужно причислить к жестко нормативным коммуникативным ситуациям, строго ограничивающим стилистическое оформление соответствующих текстов.

Но нельзя упускать из виду тот факт, что употребление тех или иных языковых средств несет определенную функцию для достижения коммуникативного эффекта. Языковые и стилистические нормы неразрывно связаны друг с другом. В процессе общения мы, даже не всегда осознавая это, следуем определенным речевым правилам, нормам, чтобы быть правильно понятыми и адекватно воспринятыми адресатом. Стоит нарушить эти нормы, и неизбежно возникнуть своего рода трудности, начиная от "как ты разговариваешь со старшими!" до "извините, мы не можем принять Вашу научную статью". Не по правилам составленные иски, заявления, отчеты могут вызвать смех, отторжение и даже гнев; в любом случае, они не достигнут цели. Напротив: излюбленный прием пародистов - это использование элементов "чужой" стилевой конструкции, не мотивированной данным содержанием, для достижения своего эффекта. Особенно часто разные стилистические средства совмещаются в рекламных текстах, а также в языке СМИ. Сравните, например этот рекламный текст информационной листовки с элементами стиля описания и эмоционально перегруженного стиля рекламы:

Мамочки и папочки!

Поспешите на открытие магазина детских нарядов для малышей любого возраста!

Предъявителю листовки - скидка 15%!

Маленькие феи и веселые карапузы найдут у нас суперудобные костюмчики для активного познания мира и занятий спортом.

Детки дошкольного возраста могут выбрать современные модели разнообразной цветовой гаммы из практичных и натуральных материалов.

Мы ждем вас!

К какому функциональному стилю отнести данный текст? Традиционная теория стилей не дает ответа на этот вопрос.

И все же язык, определенно, не может существовать без нормы, она необходима для его существования. В настоящее время наблюдается взаимопроникновение, активное взаимодействие стилей, что ведет к сдвигам в том числе и в стилистических особенностях употребления различных типов текстов.

Литература:

1) Бирюкова Е.В. Взаимосвязь языковых единиц различных языковых уровней в немецком и русском языках // Вестник Вятского государственного университета. 2012. Т. 2. № 2. С. 47-51.

2) Брандес М.П. Стилистика немецкого языка: для инт-тов и фак. иностр. яз./ Учебник -М.: Высшая школа, 1983.-271 с.

3) Виноградов В.В. Стилистика. Теория поэтической речи. Поэтика. — М.: Изд-во АН СССР, 1963, — 255 с.

4) Гальперин И.Р. Проблемы лингвостилистики // Новое в зарубежной лингвистике. - М., 1980. Вып. 9. Лингвостилистика. - С. 5-7.

5) Дускаева Л.Р. Языково-стилистические изменения в современных СМИ // Стилистический энциклопедический словарь русского языка / под ред. М.Н. Кожиной. — М,, 2006. — С. 664—675.

6) Кожина М.Н. Стиль и жанр: их вариативность, историческая изменчивость и соотношение // Stylistika VIII. - Opole, 1999. - С. 5-36.

7) Орлова Н.В. Жанры разговорной речи и их "стилистическая обработка": к вопросу о соотношении стиля и жанра // Жанры речи. - Саратов, 1997. - Вып.1. - С. 51-56.

8) Шерстяных И.В. Теория речевых жанров: лекц.-практ. курс для магистр. — М.: ФЛИНТА: Наука, 2014. — 546 с. – С. 219-269.

9) Щипицина Л.Ю. Стилистика немецкого языка/Stilistik der deutschen Sprache: в 2 ч. Ч. 1: Теория: учеб. пособие - Архангельск: Поморский университет, 2009. - 144 с. – С. 22-28.

10) Krahl S., Kurz J. Kleines Wörterbuch der Stilkunde. Leipzig, 1977. - 141 S.

11) Nayer N. Stilistik der deutschen Sprache. – M.: Verlag Hochschule, 2006. – 271 S.

12) Riesel E., Schendels E. Deutsche Stilistik. - M.:Verlag Hochschule, 1975. – 316 S.

Словари и справочники:

13) Ахманова О.С. Словарь лингвистических терминов. — 4-е изд., стереотипное. — М.: КомКнига, 2007. — 576 с.

14) Болотнова Н.С. Коммуникативная стилистика: словарь-тезаурус. — М.: Флинта: Наука, 2009. — 384 с.

15) Большой толковый словарь русского языка / гл. ред. С.А.Кузнецов. - СПб.: Норинт, 2008. - 1536 с.

Мухаева З.А.
доцент, кандидат филологических наук,
Лысьвенский филиал ФГБОУ ВО «Пермский национальный исследовательский политехнический университет», Россия, г. Лысьва
Барсукова Р.С.
доцент, кандидат филологических наук,
Казанский государственный аграрный университет, г. Казань

РОЛЬ «РЕВИЗСКИХ СКАЗОК» В ИЗУЧЕНИИ ЛИЧНЫХ ИМЕН ТАТАР ПЕРМСКОГО КРАЯ

Региональная историческая антропонимия, в том числе историческая татарская антропонимия, в последние несколько десятилетий являются одной из активно развивающихся направлений ономастической науки. Исторический тюрко-татарский антропонимикон пермских татар до настоящего времени не был объектом специальных научных исследований. Наши исследования в этой области являются одним из первых попыток, которые предпринимаются с целью изучения не только историко-лингвистических особенностей тюрко-татарских антропонимов юга Пермского края, но и из-за необходимости ответить на ряд вопросов, связанных с историей пермских татар, их языка, культуры, религиозных представлений, традиций и контактов с другими народами.

Огромную роль в изучении личных имен играют «ревизские сказки», введенные в Российской империи в XVIII - 1-й половине XIX вв., проводившиеся с целью подушного налогового обложения населения. Сегодня материалы «ревизских сказок» являются одним из источников в исследованиях по лингвистике, этнографии, генеалогии и других наук.

Нами было изучено большое количество исторических материалов по исследованию личных имен и фамилий татар Пермского края. Источником наших исследований послужили «Ревизские сказки 1816 года Пермской губернии Осинского уезда Гаининской волости». По материалам «ревизских сказок» нами была составлена картотека из 1530 личных имен и фамилий, в том числе мужских имен – 730, женских – 535, фамилий – 284. Список изученных источников мы приводим в списке использованной литературы. Ниже мы приводим в качестве примера часть личных имен пермских татар, зафиксированных и извлеченных нами из «ревизских сказок».

1	Абайтулла	Перм. губ., Осин. уезд, Гаинская в., д. Усть-Тунтурово, 1816*, 6**
2	Абдрахман	Перм. губ., Осин. уезд, Гаинская в., д. Новоашапова, 1816, 45
3	Абдрахман	Перм. губ., Осин. уезд, Гаинская в., д. Усть-Тунтурово, 1816, 65

4	Абдулатыф	Перм. губ., Осин. уезд, Гаинская в., д. Кузембар, 51816, 50
5	Абдулвалий	Перм. губ., Осин. уезд, Гаинская в., д. Верхашапова, 1816, 28
6	Абдулгазиз	Перм. губ., Осин. уезд, Гаинская в., д. Ишимова, 1816, 29
7	Абдулганнан	Перм. губ., Осин. уезд, Гаинская в., д. Верхашапова, 1816, 11
8	Абдулмаухит	Перм. губ., Осин. уезд, Гаинская в., д. Кузембар, 1816, 28
9	Абдулхалил	Перм. губ., Осин. уезд, Гаинская в., д. Новоашапова, 1816, 38
10	Абдулшафяк	Перм. губ., Осин. уезд, Гаинская в., д. Бардыбаш, 1816, 23
11	Абдульвахит	Перм. губ., Осин. уезд, Гаинская в., д. Нов.Бичурина, 1816, 17
12	Аблей	Перм. губ., Осин. уезд, Гаинская в., д. Березникова, 1816, 35
13	Абляис	Перм. губ., Осин. уезд, Гаинская в., д. Канюкова, 1816, 12
14	Абниямин	Перм. губ., Осин. уезд, Гаинская в., д. Бардыбаш, 1816, 11

*год переписи населения
** возраст носителя имени на момент переписи населения.

В настоящее время нами проводится тщательный структурно-семантический анализ личных имен пермских татар начала XIX века. Статистический анализ помог получить нам данные по функционированию антропонимов пермских татар, а также показать частотность их употребления в определенный промежуток времени.

Литература и исторические источники

Мухаева З.А. Топонимика юга Пермского края.– Казань, 2011.–226 с.

Мухаева З.А. Историко-этимологическая характеристика личных имен русского и западно-европейского происхождения у татар Пермского края. – Казань, 2011. –226 с.

Мухаева З.А., Барсукова Р.С. История формирования пермских татар (историко-этнографические сведения) // Fundamental science and technology - promising developments X: Proceedings of the Conference. North Charleston, 12-13.12.2016, Vol. 2. - North Charleston, SC, USA: CreateSpace, 2016, p. 12-16.

Рамазанова Д. Б. К истории формирования говора пермских татар. – Казань, 1996. – 240 с.

Ф.111.Оп.1.Д.1972 – Ревизская сказка Гаинской волости 1 башкирского кантона. Ревизская сказка 1816 года марта 14 дня Пермской губернии Осинского уезда 1-го башкирского кантона Гаининской волости команды юртового старшины Ихинджанна помощника Сальмуфирина Маамужова деревни Акбашевой о состоящих мужска и женска пола башкирцах.

Ф.111.Оп.1.Д.1970 – Ревизская сказка 1-го башкирского кантона деревень Мостовой, Бардыбашки и Бичуриной, Осинского уезда. Ревизская сказка 1816 года марта 14 дня Пермской губернии Осинского уезда 1-го башкирского кантона Гаининской волости команды юртового старшины Насибуллы Нигматуллина деревни Барды о состоящих мужска и женска пола башкирцах.

Ф.111.Оп.1.Д.1968 – Ревизская сказка 1-го башкирского кантона деревни Ново-Ашапской, Осинского уезда. Ревизская сказка 1816 года января 31 дня Пермской губернии Осинского уезда Гаининской волости ведомости первого башкирского кантона команды юртового старшины и понтонного помощника Гафора Гаинина деревни Верхашаповой. Ревизия № 7 от 1816 года. Предыдущая ревизия № 6 от 1812 года.

Ф.111.Оп.1.Д.1971 – Ревизская сказка разных деревень Осинского уезда. Ревизская сказка 1816 года марта дня Пермской губернии Осинского уезда 1-го башкирского кантона Гаининской волости команды юртового старшины Гублидуллы Заисанова деревни Ишимовой о состоящих мужска и женска пола башкирцах. Ревизия № 7 от 1816 года. Предыдущая ревизия № 6 от 1812 года.

Ф.111.Оп.1.Д.1969 – Ревизская сказка 1-го башкирского кантона деревни Краснояра, Осинского уезда. Ревизская сказка 1816 года марта 14 дня Пермской губернии Осинского уезда 1-го башкирского кантона Гаининской волости команды юртового старшины Тазитдина Иммеютдинова деревни Краснояровой о состоящих мужска и женска пола башкирцах. Ревизия № 7 от 1816 года. Предыдущая ревизия № 6 от 1812 года.

Ф.111.Оп.1.Д.1973 – Ревизская сказка Гаинской волости 1 башкирского кантона. Ревизская сказка 1816 года марта 14 дня Пермской губернии Осинского уезда 1-го башкирского кантона Гаининской волости команды в должности старшины юртового сотника Габдуллы Кучумова деревни Ишменевой о состоящих мужска и женска пола башкирцах. Ревизия № 7 от 1816 года. Предыдущая ревизия № 6 от 1812 года.

Барсукова Р.С.
доцент, кандидат филологических наук,
Казанский государственный аграрный университет, г. Казань
Мухаева З.А.
доцент, кандидат филологических наук,
Лысьвенский филиал ФГБОУ ВО «Пермский национальный исследовательский политехнический университет», Россия, г. Лысьва

ИЗ ИСТОРИИ ИЗУЧЕНИЯ ЗАБОЛОТНОГО ГОВОРА СИБИРСКИХ ТАТАР

Впервые «заболотные татары» стали объектом исследования Института этнографии АН СССР. С целью изучения быта и культуры «заболотных татар» в 1948 г. В.В.Храмовой были исследованы татарские села Заболотья, такие, как Вармахлинские, Топкинские, Лайтамакские. В ее статье «Заболотные татары» (Поездка 1948), наряду с описанием быта, культуры, одежды, обычаев, численности, рода деятельности, антропологических данных «заболотных татар» отмечается, что «заболотные татары» говорят на языке, отличающемся своим говором от тобольского [Храмова, 1950: 174], и приводится некоторый лексический материал, например, *колташиха* «котел», *урын* «нары», *сарауц* «цветная бархатная, вышитая золотом, головная повязка», *камзул* «короткая безрукавка», *кюртэ* «пальто», *кули* «изделие из липовых мочал» и др.

Также особый интерес представляют топонимы, т.е. названия населенных пунктов, содержащиеся в данной статье. Например, автор пишет, что «юрты имеют и другие названия: Лайтамак — Ванькины, Янгутум — Рисово, Топкинбашские — Ярышкины, Яшменево (ср. ныне Ишменево) — Нещще. Археологами обнаружено 4 городища: Басабыр, Лайтамак, Илях-тро, Янгутум» [Храмова, 1950: 175, 176].

С 50-х гг. Д.Г.Тумашевой проводится огромная работа по изучению говоров и осмыслению языкового богатства сибирских татар. Ее первой работой, посвященной тюменскому говору, стала кандидатская диссертация «Татарские диалекты Западной Сибири (Тюмень)» (1952 г.), в которой автор на материале 14 татарских юрт Тюменского района и деревни Медянка Тобольского района описывает фонетические, морфологические, синтаксические и лексические особенности «тюменского диалекта».

Продолжая исследование диалектов сибирских татар, автором впервые были изучены населенные пункты, расположенные и в болотистых местах Тобольского района. Результатом этих исследований явилась статья «Говор заболотных татар» (1958 г.), в которой дана характеристика фонетических, морфологических, синтаксических особенностей говора.

На основе анализа языковых особенностей заболотного говора Д.Г.Тумашева высказала предположение о наличии в нем финно-угорского субстрата, который проявляется в таких языковых особенностях, как спирантизация звуков *п-б, к* и своеобразие ударения. В подтверждение предположения автор приводит исторический факт о том, «что татары на этой территории распространились среди хантов, долгое время жили совместно с ними, пока часть хантов не ассимилировалась, а другая не ушла на север» [Тумашева, 1958: 164].

В дальнейшем Д.Г.Тумашевой были изучены говоры тоболо-иртышского, барабинского, томского диалектов. Итогом монографического исследования стали книги «Көнбатыш Себер татарлары теле. Грамматик очерк һәм сүзлек» (1961 г.) о тоболо-иртышском диалекте и «Язык сибирских татар» (1968 г.) о барабинском и томском диалектах.

На основе накопленного фактического материала Д.Г.Тумашевой написана докторская диссертация «Диалекты сибирских татар в отношении к татарскому и другим тюркским языкам» (1969 г.), где ею проведено строго системное описание диалектов и глубокое научно-теоретическое осмысление огромного, уникального материала по сибирским диалектам, выявлены варьирующиеся признаки, на их основе классифицированы сибирские диалекты – тоболо-иртышский, барабинский, томский. Внутри диалектов выделены говоры: заболотный, тюменский, тобольский, тевризский, тарский и восточно-тобольский подговор в тоболо-иртышском диалекте; эуштинско-чатский, калмакский говоры и орский подговор в томском диалекте.

В дальнейшем эта диссертация опубликована в виде монографии «Диалекты сибирских татар. Опыт сравнительного исследования» (1977 г.), в которой огромное место уделяется решению и таких теоретических вопросов, как лингвистические критерии выделения диалектов, отношение сибирских диалектов к татарскому и другим близкородственным тюркским языкам. Многолетние и разносторонние исследования позволили ей сделать вывод о том, что сибирские диалекты относятся к кыпчакской группе тюркских языков, а по грамматическим особенностям близки к кыпчакско-ногайской подгруппе. По заключению ученого, эти диалекты «в современном состоянии следует рассматривать в диалектной системе татарского языка на правах его восточных, или сибирских, диалектов» [Тумашева, 1977: 263-276].

Серию трудов исследователя языка сибирских татар Д.Г.Тумашевой продолжает «Словарь диалектов сибирских татар» (1992 г.), в котором отражены диалектальные слова, характерные и для заболотного говора.

В данный словарь, кроме слов, собранных самим автором, были включены и материалы, содержащиеся в трудах и словарях В.В.Радлова, И.Гиганова, Л.Будагова, Л.В.Дмитриевой, М.А.Абдрахманова,

Г.Х.Ахатова [Тумашева, 1992: 3], что несомненно повышает научную ценность этой важной публикации.

В «Словаре...» представлены более 200 слов, относящихся к заболотному говору, с указанием населенного пункта, где записано было то или иное слово. Можно утверждать, что «Словарь....» является первой работой, где отражается лексический материал заболотного говора, хотя в транскрипции их оставалась вне поля зрения фонетическая окраска, характерная для говора.

Большой вклад в изучение сибирских диалектов внесла докторская диссертация Х.Ч.Алишиной «Историко-лингвистические исследования ономастикона сибирских татар» (1999 г.), опубликованная в виде книги. Привлекает внимание анализ топонимов: *Вәчир: вәч* (грязь, глина) + айыр (речка). По мнению исследователя, апеллятив *вош (вож)* есть в хантыйском языке. Возможно, в комониме *Вәчир* участвует аллофон этого слова, или форма *Ачир* относится к более древнему периоду. В этом случае фонему [w] следует рассматривать как протетический согласный, а сам омоним можно расчленить на составные *ач/ача/әч/әчә* + эйер/айыр «речка» [Алишина, 1999: 236-237]. Лексема *Иземеть* состоит из частей [*из-е*] + [*мәт*]. Компонент «меть» [*мәт*] ~ [*мат*] в омонимах *Метка* (Миткинские юрты Вагайского района), *Кучеметьево* (Ярковский район), *Матка* (село, Ханты-Мансийск), *Маткинский Сор* (озеро, Ханты-Мансийск), *киремет* (чув. святилище), *шахматы* (перс. властитель умер) наводит на мысль о его древности и сакральности. Если «*из*» в финно-угорском языке означает «камень», то *Иземеть* «святилище, святой камень»? и др. [Алишина, 1999: 292].

Итак, «заболотные татары» в той или иной степени неоднократно привлекали внимание исследователей различных областей языкознания.

Литература

Алишина Х.Ч. Тоболо-иртышский диалект языка сибирских татар. - Казань, 1994. - 119 с.

Алишина Х.Ч. Ономастикон сибирских татар: В 2-х частях. - Тюмень, 1999.

Барсукова Р.С. Заболотный говор тоболо-иртышского диалекта татарского языка в сравнительном освещении. – Казань, 2004. – 160 с.

Тумашева Д.Г. Диалекты сибирских татар в отношении к другим тюркским языкам: Автореф. дис. ...доктора филол.наук. - М., 1969. - 50 с.

Тумашева Д.Г. Диалекты сибирских татар: опыт сравнительного исследования. - Казань, 1977. - 295 с.

Тумашева Д.Г. Словарь диалектов сибирских татар.- Казань,1992.-256 с.

Храмова В.В. Заболотные татары (поездка 1948 г.) // Известия Всесоюзного географического общества. - М., 1950. - № 2. - С. 174–183.

Исмагилова Д.И.
преподаватель английского языка, Институт Повышения Квалификации и Переподготовки кадров Российского Университета Дружбы Народов, Москва

АНАЛИЗ ИСПАНСКОЙ ПУБЛИЦИСТИКИ НА ПРЕДМЕТ ЗАИМСТВОВАНИЯ ИЗ РАЗНЫХ ЯЗЫКОВ

Язык - это неотъемлемая часть нашей жизни. Язык сопровождает человечество на протяжении всего его существования. Он лучше любых книг и энциклопедий расскажет об истории и культуре народа. В нем можно найти отражение любых событий и изменений происходящих в жизни людей. Будь то война, революция, научно-технический прогресс, расцвет государства, или его упадок – все это, так или иначе, отразится в языке, не только одного народа, но и во всех близкородственных или соседствующих языках. Он как живой организм, который «дышит», развивается и постоянно изменяется. С самого начала его формирования и в течение всего его существования он обновляется (пополняется за счет новых слов, а некоторые слова, наоборот, выходят из употребления). Испанский язык, как и любой другой, яркий тому пример.

Со времен образования Испанского Королевства и до наших дней происходил процесс становления страны, ее культуры и языка. В течение всей ее истории непрерывно происходило знакомство с новыми культурами, их традициями. И от каждой такой культуры неизбежно заимствовалось что-то новое, незнакомое или несуществующее в Испании. Эти процессы не проходили без влияния и на язык.

Но не только история оказала влияние на появление заимствований, ситуация в мире сегодня также активно этому содействует. Сегодня постепенно «стираются» границы стран и континентов, ведь мы все больше путешествуем, видим другие страны и народы, и каждый раз приобщаемся или берем что-то от других культур, даже неосознанно. Разные языки, соприкасаясь, обязательно повлияют друг на друга.

Все мы, каждый день, так или иначе, пользуемся огромным количеством слов и редко задаемся вопросом об их происхождении. А если начать этим интересоваться, то можно лучше понять историю, увидеть все процессы, происходящие в стране. Через призму заимствований можно увидеть, что происходило не только в одной стране, но и во всех других, когда были войны, когда появлялись изобретения, когда та или иная страна набирала свою мощь или наоборот переживала упадок. Но в этом есть и свои минусы, заимствования заполняют язык и вытесняют родные для языка слова, и сейчас как никогда этот процесс усиливается.

Публицистика же, как область, которую мы проанализировали на предмет заимствования, моментально впитывает все последние изменения в языке. Язык публицистики как нельзя лучше отражает все изменения в языке на сегодняшний день.

Основными особенностями публицистического текста являются их актуальность, образность, яркость изложения. Это связано с тем, что сообщая информацию, будь то в газете или по радио, телевидению – основной задачей является формирование общественного мнения. Для актуальности информации очень значим временной фактор: информация должна передаваться и становиться общеизвестной в кратчайшие сроки. Газетно-публицистический стиль характеризуется своей консервативностью, и в то же время подвижностью. С одной стороны, в тексте всегда присутствует достаточное количество штампов, терминов. А с другой стороны, для воздействия на читателя необходимо использование все новых языковых средств, которые способствуют убеждению и вызывают интерес. Лексика же данного стиля имеет ярко выраженную эмоционально-экспрессивную окраску. Она включает просторечные, разговорные, а иногда даже и жаргонные элементы.

Кроме того, публицистический текст всегда рассматривает актуальные политические, экономические, правовые, литературные, философские и другие проблемы современной жизни. Он нацелен на то, чтобы влиять на общественное мнение и политические институты, стремится укрепить или изменить их. Все эти характеристики как нельзя лучше подходят нам для анализа текста на предмет заимствований.

Проанализировав около 50 статей разной тематики из электронных изданий El Mundo и El País. Общее количество слов в каждом разделе составило 6200-6300. Максимальное различие около 150-160 слов. Таким образом, нами был получен примерно одинаковый объем слов. Для анализа использовались два основных источника: Breve diccionario etimológico de lalengua castellana, «Diccionario de la lengua española» Real Academia Española.

На основе собранной информации и полученных результатов, языки можно расположить следующим образом: французский, английский, итальянский, арабский, германский, готский, немецкий, португальский, кельтский, русский, персидский, цыганский.

Попытаемся подробнее объяснить наличие заимствований из каждого из этих языков. Мы видим, что больше всего заимствований - из *французского языка – 38,5%*. В основном это объясняется близостью Франции к территории Испании. А также тем, что в течение истории, было много событий, так или иначе, сталкивающих или объединяющих эти две страны. Началось все в 12 веке с торговой дороги от Бордо к Сантьяго, период, когда многие французы в поисках заработка и лучшей жизни отправились в Испанию. Тогда же начались их торговые отношения, которые продолжались в течение всей истории. Затем, важным кульминационным моментом был приход к власти в начале 18 века Бурбонов и последующие за этим династические браки и дружественные союзы. Тогда Испания пережила серьезные изменения, и множество заимствований пришло в лексику испанского языка. К важным событиям также относятся тридцатилетняя война, завоевание Наполеоном, рост экономики Франции и т.д.

Наличие значительного количества *англицизмов* 25,5% вовсе не объясняется только историей, хотя были моменты, например, в послевоенный период, когда США, будучи в хорошем экономическом положении, решила воспользоваться трудным положением других европейских стран. И конечно, не мог остаться без последствий тот факт, что в период 19 века Великобритания имела множество колоний по всему миру. Но с этими событиями язык пополнился лишь частью англицизмов. Остальная часть обязана тем, что возросшие экономические, политические и культурные связи Испании с разными странами мира неизбежно ведут к развитию лингвистических контактов с другими языками и, в частности, с английским, который является международным языком политики, науки, торговли, спорта, прессы, интернета. Он захватил практически все сферы нашей жизни, и поэтому именно в публицистике так много англицизмов.

Из проведенного анализа видим, что *арабизмы* занимают 5 % в испанском языке публицистики. Самое значительное мавританское воздействие на испанскую культуру приходилось на XI - XIII вв. Это период расцвета испано-арабской философии. Именно в этот период появилось много заимствований, как в повседневной жизни, так и в военном деле и политике. Испания в течение 800 лет сосуществовала с арабским миром, и находилось в постоянном взаимообмене. Множество слов вошло в состав испанского языка, какие-то из них вышли из употребления со временем, остальные же остались и активно используются сегодня.

Заимствования из *готского языка занимают 2,5%, из германского 3,1%, из немецкого* 1,9%. Поскольку все эти языки одной семьи и относятся к германизмам, объединим их и дадим общее объяснение. Германские языки начали влиять еще на вульгарную латынь, язык, на котором говорили во всей Римской Империи. И язык, который затем и послужил основой для всех романских языков и, естественно, что вместе с латынью пришли и германизмы. Поэтому, большинство германизмов в испанском языке, пришедших в эту эпоху, встречаются и в других романских языках. Группа германизмов вошла в состав языка в период Средневековья, через французский язык. И небольшая часть готских заимствований была привнесена вестготами, в период их правления на Иберийском полуострове. Их было небольшое количество, так как вестготы долгий период не вступали в связь с аборигенами. Расцвет

Германии приходится на 19, 20 века, именно в этот период активно заимствуется лексика из немецкого языка. Затем две крупнейшие войны, принесшие с собой огромное количество слов военной тематики.

0,12% занимают заимствования из *португальского языка*. На этот факт в основном повлияло непосредственное соседство этих стран. Из португальского языка в испанский пришло множество морских терминов (названия частей корабля, навигационных приборов), а также названия морских животных и растений.

Большой процент заимствований из *итальянского языка* – по нашим данным 13,7 %. Наибольшее влияние итальянского языка приходится на период Возрождения, у истоков которого стояла именно Италия. В этот период итальянизмы пришли не только в испанский язык, но и во все языки Европы, через которые затем и на другие континенты. Основная доля итальянизмов этого периода приходится на сферу искусств. Важным фактом также является филологическая близость этих двух языков, общие корни, а также заимствованию слов способствовали и непрерывные контакты между Испанией и Италией.

Заимствование из русского языка занимает лишь 0,6 %. Основной расцвет и распространение русских слов приходится на вторую половину ХХ и начало XXI века. В этот период происходил взаимный обмен лексическими единицами.

Исследование показывает, что многочисленные заимствования из разных языков, проникшие в испанский язык, отражают различные сферы человеческой деятельности и касаются почти всех сторон материальной, общественно-экономической, политической, научной и культурной жизни.

Анализ истории заимствований позволяет проследить разнообразные межнациональные контакты и подтвердить тот факт, что торговые и дипломатические отношения часто определяют этапы языковых контактов.

Литература:

1. Бердникова Н.В. Контакты и взаимное влияние английского и испанского языков в эпоху глобализации : монография / Н.В. Бердникова, Л. П. Гурова. М.: Пятигор. гос. лингвист, ун-т, 2005. - 143 с.
2. Бодуэн де Куртенэ И.А. О смешанном характере всех языков // Избр. тр. по общему языкознанию. М., 1963. – 366 с.
3. Григорьев В.П. История испанского языка. М.: Комкнига, 2006. – 174 с.

Белова Т.В., Васильева С.Ю., Насакин О.Е.
ФГБОУ ВО «Чувашский государственный университет имени И.Н.Ульянова», 428015, Россия, г.Чебоксары, Московский пр., 15
e-mail: ecopan21@inbox.ru

РАЗРАБОТКА МЕТОДА ПОЛУЧЕНИЯ ИНУЛИНА ИЗ ТОПИНАМБУРА

При сахарном диабете развивается хроническое повышение в крови уровня сахара, что определяет такое состояние, как гипергликемия, что происходит по причине недостаточности секреции инсулина или же по причине снижения чувствительности к нему клеток организма. В среднем данное заболевание актуально для 3% населения, при этом известно, что сахарный диабет у детей встречается несколько реже, определяя средние показатели в пределах 0,3%. Между тем, отмечается и такая тенденция, при которой ежегодно численность пациентов с сахарным диабетом постоянно возрастает, причем ежегодный рост соответствует показателям ориентировочно 6-10%. Можно утверждать, что примерно каждые 15 лет удваивается число заболевших сахарным диабетом пациентов. В рамках рассмотрения мировых показателей по численности заболевших по 2000 году была определена цифра, превышающая 120 миллионов, сейчас же общий показатель численности больных сахарным диабетом составляет порядка свыше 200 миллионов человек. Таким образом является одной из важнейших проблем, стоящих перед человечеством в целом и РФ в частности создание условий для излечения этого заболевания

В профилактике и комплексном лечении больных сахарным диабетом важное значение имеет фитотерапия, которая обладает преимуществом перед лечением синтетическими лекарственными препаратами, так как может длительно применяться, не оказывая существенных побочных действий. Топинамбур - один из немногих природных источников инулина, который который с одной стороны имеет высочайшую продуктивность и не чувствительность к качеству почв произростания и особенно полезен больным сахарным диабетом. Это определяет перспективность использования топинамбура в качестве сырья для производства физиологически ценной продукции - инулина. степень полимеризации растительного инулина варьирует от 2 до 100, при этом длина цепи и дисперсность зависят от вида растения, его вегетационного периода и климатических условий. Так, в инулине, выделенном из цикория, степень полимеризации изменяется в пределах от 2 до 60, причем большая часть молекул углевода имеет степень полимеризации 20. Особое значение имеет особо чистый - медицинский инулин. Он способствует усвоению витаминов и минералов в организме улучшает обмен липидов - холестерина, триглицеридов и фосфолипидов в крови. Среднесуточное потребление инулина и пектина в развитых странах 8-14 граммов (норма - не менее 6 г). Именно недостатком инулина и его производных в потребительской корзине граждан России можно частично объяснить 10 миллионов больных сахарным диабетом в нашей стране. При этом на рынке производителей этого соединения закрепились только крупные производители инулина, производящие 90% всей продукции, из них 70% рынка занимает бельгийская компания «Beneo-Orafti», голландские компании «Cosucra» и «Sensus». Пищевая ценность клубней топинамбура обусловлена высоким содержанием функциональных макро- и микронутриентов, таких как инулин, пектиновые вещества пищевые волокна, минеральные элементы. Это определяет перспективность использования топинамбура в качестве сырья для производства физиологически ценной продукции - инулина. Инулин используется во всем мире как непременный компонент заменителя пшеничной муки для диабетиков.

Мы модифицировали методику получения инулина. На первом этапе стандартно из сырья по 1000 г сырых измельченных клубней топинамбура (с влажностью 75,%), из которого выжимали по 500 мл сока на бытовой соковыжималке (pH 6,38). Далее экстрагировали инулин двумя путями: первый тепловой обработкой, второй то же в проточном ультразвуковом кавитационном реакторе с кольцевыми акустическими трасформаторами . Остальные процедуры ранее отработаны нами. В связи с тем, что инулин растворяется только в горячей воде к полученному соку прибавляли 600 мл нагретой до кипения воды (1:1), подогревали до 75-80°С, затем добавляли 65 г карбоната кальция и нагревали при постоянном перемешивании 80 мин при 80-85°С на масляной бане. Горячую смесь фильтровали через слой бязи. Фильтр промывают 200 мл горячей воды (80°С). Полученный фильтрат упаривали на водяной бане при 70°С или под вакуумом до объема 270 мл (pH 7). Упаренный раствор кристаллизовали в холодильнике при 3-4°С на 6 суток. В результате выпадал осадок серого цвета неочищенного инулина. Влажные выжимки, оставшиеся после отделения сока (около 550 г), экстрагировали дважды водой порциями по 1,6 л при 80°С в течение 60 мин, и отжимают через бязь в горячем виде. Получали 3,2 л водного извлечения из выжимок (pH 6,6). К горячему упаренному раствору добавляли 55 г карбоната кальция и нагревали при 80-85°С при постоянном перемешивании 1 час с последующей фильтрацией через слой бязи, фильтр промывают горячей водой 85°С. Затем опять фильтрат упаривали при 80°С под вакуумом до объема 300 мл (pH 6,5 - 7,5). Упаренный и охлажденный до комнатной температуры фильтрат разбавляли 96%-ный спиртом 1: 1 (инулин не растворяется в спирте) и кристаллизовали в холодильнике при 4°С на 5 суток, получая осадок сырого инулина светло-серого цвета.

Осадки сырого инулина отделяли фильтрованием и объединяли, затем растворяли в минимальном объеме горячей воды при 80°С. Раствор фильтровали через хлопчатобумажную ткань, осадок на фильтре промывали 35 мл горячей воды (80°С), охлаждали до 40°С и пропускали со скоростью 1 капля в секунду через колонку с анионитом в OH$^-$-форме. Колонку брали диаметром 3 см, высотой 20 см. Массу сухого анионита в количестве 50 г, замачивали в 1 н. растворе гидроксида натрия, затем промывали дистиллированной водой, после загружали в колонку в виде суспензии в воде и отмывали до нейтральной реакции по фенолфталеину. Колонку промывали водой при 45°С, собирали 350 мл элюата (pH 10,2). К элюату прибавляли 125 г оксида алюминия, нагревали на электроплитке с асбестовой сеткой при 75°С при постоянном перемешивании 30 мин. Фильтровали горячую смесь через слой бязи. Фильтр промывали 100 мл горячей воды при 75°С. Собирали 350 мл фильтрата 18 г чистого порошка инулина с влажностью 10% и удельным вращением D = -36,5 .Выход воздушно-сухого инулина составлял 92% из расчета на сухое сырье.

Захарова О.В., Казакова Ю.В., Васильева С.Ю., Насакин О.Е.
ФГБОУ ВО «Чувашский государственный университет имени И.Н.Ульянова», 428015, Россия, г.Чебоксары, Московский пр., 15
e-mail: ecopan21@inbox.ru

СОСТАВ НА ОСНОВЕ ФУРФУРОЛАЦЕТОНОГО МОНОМЕРА ДЛЯ СТАБИЛИЗАЦИИ ГРУНТОВ

В последние годы перед дорожной отраслью РФ остро стоят задачи, направленные на дальнейшее развитие сети федеральных, региональных и сельскохозяйственных дорог, которые должны привести к ускорению роста экономики страны. При этом особенно актуальны такие технологии, которые позволяют решить проблемы уменьшения стоимости и сокращения сроков строительства дорог при одновременном повышении их надежности и обеспечении всесезонности эксплуатации.

Одним из таких направлений, позволяющим успешно решать стоящие перед страной инфраструктурные задачи, является технология стабилизации и укрепления грунтов, которая находит все более широкое распространение в мире. Для этих целей используется достаточно большая группа поверхностно-активных веществ (ПАВ) – стабилизаторов грунтов на органической, щелочной и кислотной основе, смолы, полимерные стабилизаторы грунтов.

Отечественное дорожное строительство основывается на применении инертных материалов (песок, щебень) и полностью зависит от их наличия в том или ином регионе, так как именно они предполагают использование типовых конструкций дорожных одежд для строительства и ремонта объектов транспортной инфраструктуры. Но такой подход ведет к увеличению стоимости строительства и ограничению возможности создания широкой сети автомобильных дорог в достаточно сжатые сроки, так как во многих регионах нашей страны эти материалы отсутствуют или имеются в ограниченных количествах. При этом очень часто местные грунты совершенно непригодны для использования в дорожном строительстве, а доставка инертных материалов, особенно качественного щебня, к месту производства дорожно-строительных работ ведет к удорожанию этих материалов в несколько раз. Одним из решений данной проблемы наряду с использованием традиционных технологий могло бы стать более широкое применение при строительстве и ремонте дорог технологии стабилизации и укрепления местных грунтов.

Технико-экономические расчеты, проведенные на основе фактических производственных затрат и сроков строительства, показывают, что применение в дорожных конструкциях слоев из укрепленных местных грунтов вместо устройства конструктивных слоев из привозных инертных материалов приводит к снижению стоимости строительства дорог на 10–30 %. Важно отметить, что укрепленные местные грунты можно эффективно использовать при строительстве дорог I–V технических категорий и аэродромов. При этом на дорогах I–II технических категорий укрепленные грунты, как правило, используют в качестве нижних слоев оснований, а на дорогах III–V категорий они могут быть применены также и при устройстве верхних слоев оснований и покрытий.

Применительно к отечественной практике дорожного строительства, следует различать следующие технологии: стабилизацию, комплексную стабилизацию и комплексное укрепление грунтов. Технологии обработки грунтов для их стабилизации (модификации) и/или укрепления реализуются с помощью сходной технологии производства работ, в основе которой лежит равномерное объединение грунта с добавками (гомогенизация) и его максимальное уплотнение при оптимальной влажности. Различие в физико-механических свойствах полученной грунтовой смеси зависит от вида и количественных соотношений стабилизатора и вяжущего в грунте. Структурообразование в таких системах зависит:
– от состава и свойств связных грунтов;
– количества и концентрации вяжущего;
– состава и свойств стабилизатора;
– количества и концентрации стабилизатора.

Современные ПАВ-стабилизаторы имеют сложные, многокомпонентные системы, включающие:
а) кислые органические продукты, суперпластификаторы и другие вещества, такие как Roadbond (США), «Дортех» (РФ), RRP-235-Special (Германия), EH-1(США), SPP (ЮАР), «Статус 3» (РФ), CBR+ (ЮАР), RoadPacker Plus (Канада), Terrastone (Германия), Stabibud (Польша), Enviroseal LBS (США) и другие. Этот вид ионных стабилизаторов является наиболее распространенным, хотя имеет ряд важных особенностей по применению, а именно: ограничение по кислотности обрабатываемых грунтов, высокий класс опасности, высокое коррозионное воздействие на дорожно-строительную технику.
б) низкомолекулярные органические комплексы, такие как «Дорзин» (Украина), Perma-Zume (США), Ecoroads (США), «АНТ» (РФ) и другие. Ионоактивные органические ПАВ-стабилизаторы глинистых грунтов могут преобразовывать их, используя имеющиеся в них ферменты.
в) жидкие силикатно-, акрилово-, винил-ацетатные, стирол-бутадиеновые полимерные композиции, такие как Nanostab (Германия), Enviro Solution JS (США), Technisoil (США), Andor (Израиль), Consolid (Швейцария), Solitac (США), Enviroseal M10+50 (США) и другие. Исследования, проведенные в США, Европе и ряде других стран, показали, что полимерные стабилизаторы грунтов при их технологичности и экологичности

обеспечивают значительное увеличение несущей способности обработанных грунтов и могут использоваться для решения сложных инженерных задач.

Нами предлагается использовать в качестве стабилизатора грунта – фурфуролацетонового мономера с добавкой от 1 до 10 % сульфированного таллового масла. Как показали испытания на 1 кв.м дороги используется 7 кг фурфуролацетоновой смолы, при этом ее стоимость в 40 раз дешевле используемых ПАВ. Полученное покрытие отличаются высокой гидрофобностью, отличаются масло-, бензостойкостью, высокой прочностью.

Табаринов Р.А., Федорова Е.А., Васильева С.Ю., Насакин О.Е.
ФГБОУ ВО «Чувашский государственный университет имени И.Н.Ульянова», 428015, Россия, г.Чебоксары, Московский пр., 15.
e-mail: ecopan21@inbox.ru

РАЗРАБОТКА НОВОГО МЕТОДА УТИЛИЗАЦИИ ОТХОДОВ ПОЛИСТИРОЛА - ПРОИЗВОДСТВО ПОЛИСТИРОЛАКРИЛОВЫХ ЛАКОВ И КРАСОК

В настоящее время огромное количество отходов полистирола (П) скопилось и вывозится на полигоны ТБО и свалки по всей России (скопилось не менее 1,5 млн. тонн, это более 15 млн. кубических метров, очень опасных отходов, с высокой степенью пожароопасности, которые надо немедленно утилизировать. Вовлечение в народно-хозяйственный оборот отходов П (второй наряду с ПВХ по объему выпуска полимеров в мире) позволит исключить традиционное сжигание и загрязнение атмосферы.

Простейший расчет показывает, что в условиях замены даже части красителей и лаков (700 - 1000 руб. за 1 кг) наши производственные издержки перевода отходов П составят максимум 150-190 руб. Минимальная прибыль при сохранении существующего уровня цен 500-750 руб. за кг. При потреблении совокупно промышленностью и населением 800 тысяч тонн за 2015 год - это 500 млн. руб./год , и это не считая возможного использования в связующих для литья, рынок которых базируется на дорогих феноло-формальдегидных, карбаминовых и фурановых смолах. При объемах выпуска в России связующих даже 60 тыс. тонн и стоимости 50-300 тысяч рублей за тн. - это составит минимум 150 -300 млн. руб. в год. (В Европе только для литьевых форм потребность составляет 400 тыс. тонн в год). Привлекает "нулевая" стоимость отходов полистиролов разных марок от ПСБ10 до 35 используемых в тысячах различных изделий от строительства до пищевой индустрии. Выпуск полистирола на эти цели составляет 30-40 кг/человека в нашей стране и в два раза больше на Западе, 10-15% этого количества идет в отходы во время первичного использования, еще больше по мере "старения" и потери потребительских качеств вышеуказанного по многим причинам. До сих пор полистиролом забиваются полигоны ТБО населенных пунктов России и Мира. Сжигание практически невозможно из-за огромного сажеобразования и возможности образования диоксинов. Мы предлагаем рассматривать эти отходы как сырье, подвергнутое специальной обработке (СВЧ, ультразвук, механохимия) может быть использовано для создания многих клеев, связующих и красителей с сопоставимыми или превышающими ГОСТы характеристиками, что позволит не только удешевить продукцию, но и заменить дорогостоящую импортную продукцию.

Химические науки

Для получения полистиролакриловых лаков использовались отходы эмульсионного и суспензионного полистирола, который предварительно обрабатывался небольшим количеством ацетона 5 % от массы полистирол, затем эту смесь подвергали в течение 2-3 часов ультразвуковому облучению в смеси с водой и различными метаркиловыми мономерами и олигомерами, такими как метилметаркилат, этилметакрилат, триэтиленгликольдиметаркилат, олигоуретандиметакрилат. Полученную полистиролакриловую эмульсию фильтровали от нерастворенных частиц полистирола. Выход эмульсии составил 65 %. Полученная водно-дисперсионная полистиролакриловая эмульсия может быть использована для получения лаков и красок.

Ниже приведены графики зависимостей относительной вязкости полистиролакриловой эмульсии от содержания диметакрилаттриэтиленгликоля (ТГМ-3) и прочности при разрыве лаковых пленок от содержания ТГМ-3 в полимерных пленках.

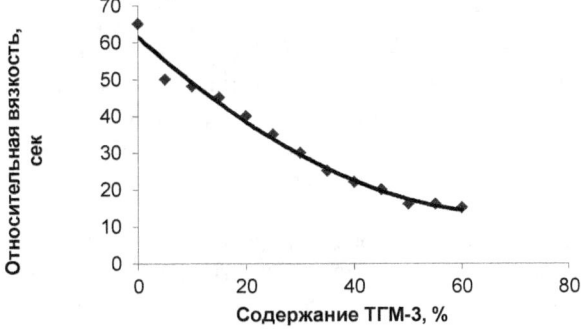

Рис.1 . Зависимость относительной вязкости полистиролакриловых эмульсий от содержания ТГМ-3.

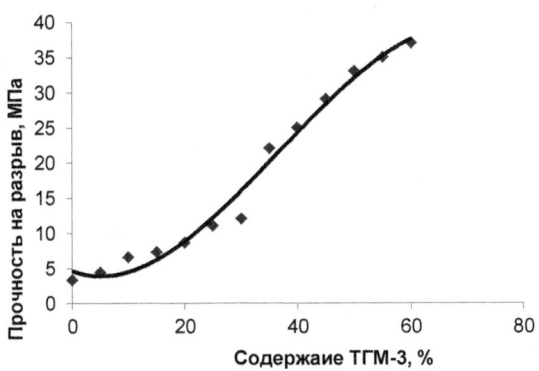

Рис.2 . Зависимость прочности при разрыве полистиролакриловых лаковых пленок от содержания ТГМ-3.

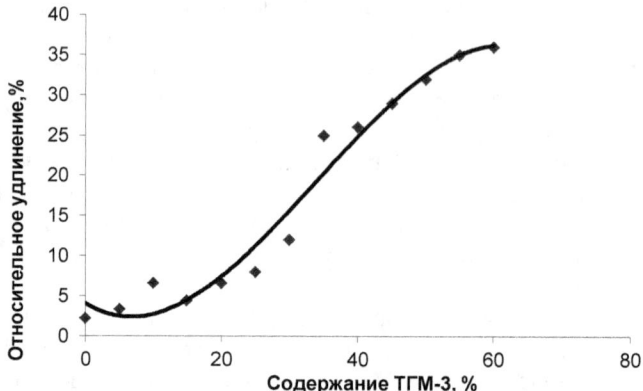

Рис.3. Зависимость остаточного удлинения полистиролакриловых лаковых пленок от содержания ТГМ-3,%

Как видно из приведенных графиков, ведение метакрилатов приводит к повышению прочности и эластичности лаковых пленок и поверхностей, а также к уменьшению их пластичности.

Исследование степени набухания полученных лаковых пленок, показало, что они отличаются высокой водостойкостью, степень набухания не превышает 0,8 %.

Таким образом, полученные предварительные испытания показали возможность использования отходов полистирола для получения полистиролакрилдовых лаков.

Федорова Е.А., Захарова О.В., Васильева С.Ю., Насакин О.Е.
ФГБОУ ВО «Чувашский государственный университет имени
И.Н.Ульянова», 428015, Россия, г.Чебоксары, Московский пр., 15
e-mail: ecopan21@inbox.ru

РАЗРАБОТКА НОВОГО ЛАКА ДЛЯ ДРЕВЕСИНЫ НА ОСНОВЕ ФУРФУРОЛАЦЕТОНОВОГО МОНОМЕРА

Древесина – один и наиболее уязвимых и мягких строительных материалов, однако она обладает полезными свойствами, выделяющими его среди прочих. К тому же, проживать в доме из дерева чрезвычайно комфортно. Чтобы дерево прослужило долго, нужно его обязательно обрабатывать специальными защитными покрытиями [1, с.124]..

Помимо этого, древесина - эластичный материал, чья форма, объем и размеры изменяются в зависимости от влажности и температуры окружающего воздуха. Лаки и краски, которые применяют для окрашивания деревянных поверхностей при наружных работах, должны обладать повышенной эластичностью. Поэтому для защиты древесины используются акриловые, алкидные, алкидно-уретановые лаки. Данные лаки имеют повышенную стойкость к воде, УФ, ударам, истиранию, отслаиванию и растрескиванию древесины. Уайт-спирит обычно для них служит разбавителем. Иногда в состав лаков вводят добавки, которые защищают обрабатываемую поверхность от грибов, плесени, жучков и водорослей [2, с. 32].

В связи с вышеуказанными недостатками современных лаковых покрытий, нами разработан новый уретановый лак без растворителя, содержащий в своей структуре биоцидные добавки. Данный полиуретановый лак состоит на основе непредельного уретанового олигомера и фурфуролацетового мономера, которые не испаряются, и поэтому не представляют опасности для человека во время работы. Благодаря отсутствию компонентов лака, которые бы реагировали с влагой воздуха, он отлично сохраняет свои технологичные свойства, до облучения ультрафиолетом. Время отверждения лакового покрытия под ультрафиолетовым облучением составляет от 5 до 30 сек. Полученное лаковое покрытие по дереву отличается высокой устойчивостью к истиранию и УФ-лучам, водостойкостью, паропроницаемостью, необходимой для предотвращения растрескивания древесины. Фурфуролацетоновые мономеры хорошо впитывается в древесину и обеспечивает дереву высокую биологическую стойкость к плесневелым грибам и древоточцам. Отсутствие токсичных и горючих органических растворителей обеспечивает пожаробезопасность таких лаков [3, с.16].

Для создания лака были использованы уретановый непредельный олигомер - олигоуретандиметакрилат (ОУДМ) на основе простого полиэфира - полифурита, 4,4'-дифенилметандиизоцианата и монометакрилового эфира этиленгликоля. Синтез проводили при температуре 70°C в течении 3-х часов при перемешивании.

Для получения полиуретанового лака готовили смесь из ОУДМ и фурфуролом соотношение компонентов смеси (фурфурола и ОУДМ) составляло 1:1. В смесь также добавляли абиетиновую кислоту в смеси с бензолсульфокислотой в количестве 2-5% от массы фурфуролацетонового мономера. Сополимерзацию полученной композиции проводили под воздействием ультрафиолетового (УФ)-облучения. Источником УФ-облучения служила ртутная лампа высокого давления ДРТ-400. Расстояние источника света до облучаемых образцов составляло 14 см. В качестве фотоинициатора использовали бензофенон. В ходе УФ-облучения смеси происходит отверждение лаковых покрытий. Полученные полиуретановые покрытия исследовались на биостокость, в частности на стойкость к обрастанию плесневыми грибками древесины, на которую было нанесено наше модифицированное покрытие. Эксперимент на оценку грибостойкости материала проводился в соответствии с ГОСТ 9.048-89. Для испытаний использовались следующие виды грибов: Aspergillus niger van Tieghem, Aspergillus terreus Thom, Aureobasidium pullulans (de Bary) Arnaud, Paecilomyces variotii Bainier, Penicillium funiculosum Thom, Penicillium ochro-chloron Biourge, Scopulariopsis brevicaulis Bainier, Trichoderma viride Persex S. F. Gray. Для проведения исследования готовили суспензию спор грибов с концентрацией 1-2млн/мл (определяли по камере Горяева, которую использовали для заражения). Образцы помещались в чашки Петри на питательную среду Чапека и обрабатывались суспензией спор грибов. Эксперимент проводился в течение 28 суток.

В ходе исследования, было обнаружено, что покрытие древесины полиуретановым лаком нашего состава полностью защищает древесину от воздействия плесневых грибков. Помимо этого, придает древесине эстетичный вид и препятствует проникновению влаги внутрь древесины, что также предотвращает возможность гниения древесины.

Дальнейшие исследования лаковых покрытий в оптический микроскоп при 60-кратном увеличении показали, что в исследуемом образце не было обнаружено спор грибов, в отличие от контрольного образца.

Таким образом, использование фурфуролацетонового мономера в качестве фунгицидной добавки в полиуретановой лак позволяет повысить биостойкость лаковых покрытий для дерева, при этом не принося вреда человеку и окружающей среде

Список литературы

1. Жуков Е.В., Онегин В.И., Технология защитно-декоративных покрытий древесины и древесных материалов: Учебник для вузов. М.: Экология, 1993.-304с.
2. Мелешко А.В., Логинова Г.А., Хлоптунова Ю.В. Новые отделочные материалы для улучшения декоративных свойств изделий из древесины хвойных пород. // Дизайн и производство мебели. С.-Пб., 2003. №1. С. 30-33.
3. Сусоров И.А., Семенов Б.Е. Органорастворимый антисептик для древесины и защитный лак на его основе. Лакокрасочные материалы и их применение. №3. 2007. стр. 16-19.

Шашкова Е.И., Васильева С.Ю., Насакин О.Е.
ФГБОУ ВО «Чувашский государственный университет имени И.Н.Ульянова», 428015, Россия, г.Чебоксары, Московский пр., 15
e-mail: ecopan21@inbox.ru

ПОЛУЧЕНИЕ НОВЫХ ОГНЕСТОЙКИХ ПОЛИУРЕТАНОВЫХ ПЕН

В настоящее время большинство зданий по своим теплотехническим характеристикам наружных стен, окон, дверей, кровельных покрытий, перекрытий над подвалами не соответствуют современным требованиям строительной теплотехники. Вследствие этого энергопотребление зданий превышает аналогичные показатели северных стран Европы в 3 раза и приводит к непроизводительным выбросам тепла в атмосферу. Уровень потерь тепла через наружные стены составляет до 20-50 %. Причины - недостаточная теплозащита стен (здания построены по старым нормам строительной теплотехники), негерметичность заделки стыков и проемов, некачественные утеплители, а также недостаточная толщина в кровельных и цокольных перекрытиях. В соответствии с требованиями СНиП 23-02 «Тепловая защита зданий» проектирование, строительство, реконструкция и капитальный ремонт зданий должны вестись в соответствии с повышенными требованиями к теплозащите ограждающих конструкций зданий. Т.е. необходимо вести отбор наиболее эффективных строительных материалов и видов утеплителей с повышенным уровнем теплозащиты; В настоящее время на строительном рынке - много теплоизоляционных материалов Это и минеральная вата, пенополистирол, пенополиуретан. Несомненно, пенополиуретановый утеплитель наиболее эффективный утеплитель. Полиуретановые пены- самый перспективный утеплитель из всех известных. Он в пять раз эффективнее утепляет стены здания по сравнению с минеральной или базальтовой ватой и в два раза лучше пенополистирола при одной и той же толщине слоя утеплителя.

Полиуретановые пены часто используются в качестве утеплителя и для звукоизоляции зданий. До недавнего времени для получения ППУ в мире, а Росси до сих пор в качестве вспенивающего агента используют фреон. Известно, что хлорсодержащие фреоны уничтожают озоновый слой (1 молекула фреона способна уничтожить до 200 молекул озона, а бромсодержащие фреоны - до 2 млн молекул озона). В связи с этим во всех старинах мира и в России перспективным стало направление использование в качестве вспенивающего агента – воды, которая взаимодействуя с изоцианатсодержащим компонентом, образует углекислый газ, который заполняет поры полиуретановых пен. Для получения эффективного утеплителя необходимо чтобы плотность пен была не менее 40 кг/кубм. Иначе ППУ будут очень хрупкими, с высокими значениями водопоглощения – благодаря наличию больших открытых пор. Поэтому немаловажное значение имеет побор компонентов смеси для получения качественного утеплителя.

Одно из главных требований, необходимых для использования в строительстве жилых домов – это негорючесть материалов. Однако пенополиуретаны (ППУ) относятся к легкогорючим материалам, так как имеют высокую удельную поверхность органических компонентов. Для снижения горючести ППУ используют обычно метод введения различных добавок - антипиренов. Известен способ получения невоспламеняемого эластичного ППУ на основе полиэфирполиола, полиизоцианата, активатора, ускорителя, сшивающего агента, пенографита, содержащего ингибитор дыма, отвержденный и денатурированный казеин [1,3], Недостатком известного способа являются: недостаточная огнестойкость и низкие физико-механические характеристики, необходимые для подобных материалов, вследствие введения в полиуретановую систему значительных количеств наполнителей. Для получения огнестойкого ППУ при сохранении физико-механических характеристик, отвечающих за тепло- и звукоизолирующие свойства, был разработан способ получения огнестойкого ППУ на основе композиции, включающей полиэфирполиол, полиизоцианат, расширенный графит, аминный активатор, стабилизатор и вспениватель, композиция дополнительно содержит фурфурол модифицирующую добавку - многоатомные спирты, в качестве вспенивателя композиция содержит воду, полиэфирполиол перед взаимодействием с полиизоцианатом предварительно смешивают с аминным активатором, стабилизатором, модифицирующей добавкой и вспенивателем, а затем добавляют расширенный графит и фурфурол при отношении 1-2:1 и суммарном количестве 15-30 мас.% от общего количества компонентов. В качестве полиэфирполиола использовали лапрол марки 564, полученный на основе окиси этилена и окиси пропилена с гидроксильным числом не более 110 мг К на 1 г полиэфирполиола и молекулярной массой 500-600. Полиизоцианат используют, например, «Супросек 5005» или «Супросек 2456» (фирмы Ханстман, США), которые являются смесью 2,4- и 4,4-изомеров дифенилметандиизоцианата. Аминный активатор - диметилдиэтаноламин (ТУ 6-02-1086-91) или другие амины. Модификатор - глицерин (ГОСТ 6824-96) или многоатомные спирты. Вспениватель - вода или фреоны. Способ осуществляют следующим образом. Полиэфирполиол смешивают с расчетными количествами аминного активатора, вспенивателя, модифицирующей добавки, расширенного графита, предварительно смешанного с циануратом меламина в соотношении 1-2:1 и суммарном количестве 15-30 мас.% от общего количества компонентов и тщательно перемешивают до получения однородной массы. Затем приготовленную систему переносят в форму вместе с полиизоцианатом и интенсивно перемешивают в течение 10-15 сек. Через, примерно, 15-20 минут готовый материал извлекают из формы. Огнезащитные свойства полученного материала оценивали следующим образом. Образец диаметром 100 мм и толщиной 100 мм вносили в пламя газовой горелки с температурой 900-1000°С и выдерживали в течение 1 мин. Оценка велась визуально: горит или не горит. Кроме того измеряли глубину обугленного, закоксованного слоя. Преимуществом такого способа получение ППУ является повышение огнестойкости, сохранение тепло- и звукоизолирующих характеристик ППУ: коэффициент теплопроводности и кажущаяся плотность всех приготовленных образцов практически не отличается от стандартного, при меньшем содержании наполнителей - антипиренов - расширенный графит и цианурат.

Список литературы

1. Пат. 2268899 Российская Федерация, МПК^7 C08G18/08. Способ получения огнестойкого пенополиуретана / Варюхин В. А., Дергунов Ю.И., Рябов С. А.; заявитель и патентообладатель Общество с ограниченной ответственностью Научно-производственное предприятие "ИЗУРЭМ". – № 2006108354/04; заявл. 16.03.2006; опубл. 10.04.2007, Бюл. № 23 (II ч.). – 3 с.

Ситдикова Л.Ф. – к.э.н., Казанский государственный аграрный университет
Сабирова А.И. – ст. преп., Казанский (Приволжский) федеральный университет
Мухаметгалиева Ф.Ф. – студентка 4 курса, Казанский (Приволжский) федеральный университет
sitdikovalandysh@mail.ru, aigylkinyes@mail.ru, farida-96@yandex.ru

ОСОБЕННОСТИ АНАЛИЗА ЛИКВИДНОСТИ СЕЛЬСКОХОЗЯЙСТВЕННЫХ ОРГАНИЗАЦИЙ

В числе основных задач обеспечения продовольственной независимости страны является устойчивое развитие отечественного производства продовольствия и сырья. Учитывая тот факт, что предприятия отрасли сельского хозяйства характеризуются высокой степенью закредитованности, актуален вопрос финансового оздоровления и реструктуризации долгов согласно статье 16 Федерального закона «О финансовом оздоровлении сельскохозяйственных товаропроизводителей» от 09.07.2002 N 83-ФЗ [1].

Порядок реструктуризации долгов включает в себя расчет показателей финансового состояния должника в соответствии с установленной методикой расчета указанных показателей. Финансовое состояние должника определяется с помощью следующих коэффициентов: коэффициент абсолютной ликвидности, коэффициент критической оценки, коэффициент текущей ликвидности, коэффициент обеспеченности собственными средствами, коэффициент финансовой независимости, коэффициент финансовой независимости в отношении формирования запасов и затрат. В целях определения необходимости направлений и размеров государственной поддержки сельскохозяйственных товаропроизводителей необходимо провести анализ показателей ликвидности сельскохозяйственных предприятий.

Для определения важности государственной поддержки сельскохозяйственным предприятиям были использованы данные Министерства сельского хозяйства о финансовых результатах всех сельскохозяйственных предприятий Республики Татарстан. Данные показывают, что уровень рентабельности до налогообложения экономических субъектов относительно невысокий. Характерным явлением выступает ежегодное снижение удельного веса убыточных хозяйств, которые занимают всего лишь 7% от общей численности в 2015 г. Прибыль в основном обеспечивается за счет целевого финансирования и поступлений из бюджета. После вычета государственных поступлений из бюджета практически у всех исследуемых субъекты отрицательные результаты (убыточность). Доля государственной поддержки в денежной выручке колеблется от 12,3% в 2005 г. до 53,6 %.Уровень государственной поддержки в основном определяется в зависимости от сложившихся условий хозяйствования и результатов деятельности сельскохозяйственных товаропроизводителей.

Для определения, каким организациям представляются льготы, необходимо посмотреть, как на законодательном уровне регулируется данный вопрос. Постановлением Правительства РФ от 30.01.2003 N 52 четко представлена методика расчета показателей финансового состояния предприятия. На основе данных бухгалтерского баланса рассчитываются коэффициенты ликвидности. Каждый коэффициент оценивается в баллах. Для каждого хозяйства рассчитываются баллы, которые суммируются, и подсчитывается общая сумма баллов. Исходя из этих баллов, субъекты хозяйствования относятся к определенной группе финансовой устойчивости.

Таким образом, для анализа ликвидности экономических субъектов нами были рассмотрены следующие организации: АО «Холдинговая компания «Ак Барс», ООО «Сэт иле», ООО «Тепличный комбинат «Майский», АО «УК Агроинвест», ГУП «РАЦИН», ООО «Союз Агро», АО «Агросила групп», ООО «ТАТАГРО», АО «Кулон», ООО УК «Просто молоко», ООО «УК Красный Восток Агро». Проведенные расчеты показали, что к первой группе финансовой устойчивости относится АО «Холдинговая компания «Ак Барс». Ко второй группе относятся 2 предприятия, к третьей – 3, к четвертой – 3, к пятой – 2. Также можно заметить, что некоторые данные даже не равны минимальному значению коэффициенты, что говорит о низкой эффективности деятельности предприятия.

Данное отнесение исследуемых субъектов к различным группам необходимо, в первую очередь для государственных органов управления, так как государство не может всем сельскохозяйственным предприятиям предоставлять одинаковые льготы. Некоторые подотрасли и организации нуждаются в большей поддержке, чем другие. В нашем случае это субъекты, относящиеся к 4 и 5 группам.

В таблице 1 представлены данные некоторых субъектов хозяйствования в части сравнения кредиторской задолженности и государственной поддержке. Данное сравнение поможет наглядно увидеть, какую долю занимают в денежной выручке кредиторская задолженность и государственная поддержка. Кредиторская задолженность занимает значительную часть в денежной выручке. Минимальное значение составляет 35%, а максимальное – больше 800%. Государственная поддержка также занимает значительную часть в денежной выручке, однако данные средства все равно не помогают предприятиям покрыть свою задолженность.

Таблица 1

Сравнение кредиторской задолженности и государственной поддержки за 2015г

Наименование предприятия	Кредиторская задолженность (включая кредиты и займы), млн. руб.			Государственная поддержка	
	на конец года	+,-	Кредиторская задолженность к денежной выручке, %	Всего, млн.руб	То же в % к денежной выручке
ООО «Сэт иле»	761,8	33,6	34,8	686,8	31,38
ПАО ХК «Агро Ак Барс»	19851,7	2016,9	138,2	3555,2	24,75
АО «Агросила групп»	6955,5	-42,1	121,1	772,7	13,45
ООО «УК КВ Агро»	22339,5	1368,5	299,6	1919,8	25,75
АО «УК Агроинвест»	2803,0	-358,0	178,6	490,7	31,27
ГУП «РАЦИН»	652,5	52,9	464,4	41,2	29,32
ООО «Союз Агро»	6217,0	890,9	844,9	313,9	42,66
ООО «ТАТА-ГРО»	1632,9	1,1	558,1	56,8	19,41
АО «Кулон»	1255,5	113,3	287,4	126,2	28,89
По РТ	х	х	120,0	13641,6	16,70

Таким образом, сельскохозяйственные предприятия действительно нуждаются в государственной поддержке. Государственные программы должны быть направлены на развитие отраслей производства, ориентированных на импортозамещение продовольственных товаров, и стимулировать внедрение инновационных технологий и техники. В этом направлении преимущество крупных компаний проявляется в том, что у них больше возможностей для расширения товарного ассортимента и направлений деятельности, которые обеспечивают устойчивую работу, перекрывая убытки одних направлений за счет прибыли других.

Список литературы

1. Федеральный закон «О финансовом оздоровлении сельскохозяйственных товаропроизводителей» от 09.07.2002 N 83-ФЗ

2. Галиуллина, Э.А. Методика анализа ликвидности и платежеспособности организации / Э.А. Галиуллина, А.Ю. Анфалова // Наука в исследованиях молодежи. – 2016. – №4. – С. 71-74

3. Шеремет, А.Д. Комплексный анализ устойчивого развития предприятия / А.Д. Шеремет // Экономический анализ: теория и практика.– 2014. – №45. – С. 2-10.

Гуданова К.Н., Опрятова О.В. - к.э.н., доцент
ФГБОУ ВО «Орловский государственный университет имени И.С. Тургенева»
kristina.good@mail.ru

ОЦЕНКА ЭФФЕКТИВНОСТИ ИСПОЛЬЗОВАНИЯ ФИНАНСОВЫХ РЕСУРСОВ ПРЕДПРИЯТИЯ

Аннотация: В статье рассмотрены ключевые методы оценки эффективности использования финансовых ресурсов, позволяющие получить такие результаты, которые могут вырабатывать меры по повышению эффективности управления финансовыми ресурсами.

Ключевые слова: финансовые ресурсы, рентабельность, капитал, прибыль.

В условиях рыночной экономики повышается значимость финансовых ресурсов, с помощью которых осуществляется формирование оптимальной структуры и наращивание производственного потенциала предприятия, а также финансирование текущей хозяйственной деятельности. От того, каким капиталом располагает субъект хозяйствования, насколько оптимальна его структура, насколько целесообразно он трансформируется в основные и оборотные фонды зависит финансовое благополучие предприятия и результаты его деятельности.

Оценка эффективности использования финансовых ресурсов включает разные компоненты. Для оценки эффективности использования финансовых ресурсов предприятия используется целая система показателей, характеризующих изменения: структуры капитала организации по его размещению и источникам образования; эффективности и интенсивности его использования; платежеспособности и кредитоспособности организации; запаса его финансовой устойчивости.

Основной целью оценки эффективности использования финансовых ресурсов предприятия является повышение эффективности работы организации на основе внедрения более совершенных способов использования финансовых ресурсов и управления ими [1, с.15].

Из цели оценки эффективности использования финансовых ресурсов вытекают ее основные задачи: идентификация финансового положения; выявление факторов, влияющих на формирование финансовых ресурсов; определение «узких» мест, отрицательно влияющих на финансовое состояние предприятия; выявление внутрихозяйственных резервов укрепления финансового положения.

Можно выделить основные методы оценки эффективности использования финансовых ресурсов. Во-первых, метод расчета показателей рентабельности. Рентабельность показывает прибыль, получаемую с каждого рубля средств, вложенных в предприятие или иные финансовые операции. Наибольшую важность представляют показатели рентабельности, к которым относятся: рентабельность продаж; рентабельность собственного капитала; рентабельность текущих активов; рентабельность внеоборотных активов; рентабельность инвестиций. Показатели рентабельности более полно, чем прибыль, отражают результаты деятельности предприятия; они используются как инструменты инвестиционной, ценовой политики.

Во-вторых, метод анализа финансовых коэффициентов (R-анализ): базируется на расчете соотношения различных показателей финансовой деятельности предприятия между собой. В финансовом менеджменте наибольшее распространение получили следующие группы аналитических финансовых коэффициентов: коэффициенты оценки финансовой устойчивости предприятия; коэффициенты оценки платежеспособности (ликвидности); коэффициенты оценки оборачиваемости активов; коэффициенты оценки оборачиваемости капитала.

В-третьих, метод оценки стоимости финансовых ресурсов. Стоимость капитала предприятия служит мерой прибыльности операционной деятельности и характеризует часть прибыли, которая должна быть уплачена за использование сформированного или привлеченного нового капитала для обеспечения выпуска и реализации продукции. Рассчитываются: стоимость функционирующего собственного капитала предприятия; стоимость заемного капитала в форме банковского кредита; стоимость заемного капитала, привлекается за счет эмиссии облигаций; средневзвешенная стоимость капитала; предельная эффективность капитала.

Оценка показателей стоимости капитала должна быть завершена выработкой критериального показателя эффективности его дополнительного привлечения. Таким критериальным показателем является предельная эффективность капитала. Этот показатель характеризует соотношение прироста уровня прибыльности дополнительно привлекаемого капитала и прироста средневзвешенной стоимости капитала.

В-четвертых, метод оценки структуры и движения капитала предприятия. Предполагает проведение оценки эффективности использования финансовых ресурсов предприятия при помощи показателей движения капитала (активов) предприятия, к которым относят коэффициенты поступления, выбытия и использования, рассчитываемые по всему совокупному капиталу и по его составляющим, а также определения соотношения величины собственного и заемного капитала [2, с.206].

Во многих книгах по финансовому анализу наряду с определением того или иного финансового показателя обычно указывают его целевой норматив, например, сумма заемных средств не должна превышать 50% общей суммы источников финансирования. Т.е. только в этом случае предприятие будет иметь достаточную финансовую автономию и ему не грозит банкротство. Однако при оценке эффективности использования финансовых ресурсов следует учитывать, что многие эксперты самой высокой оценкой эффективности менеджмента предприятия считают его способность успешно работать за счет «чужих денег», т.е. заемных источников [3, с.39].

Главным показателем эффективности функционирования предприятия является увеличение собственного капитала. В практике считается, что долю собственного капитала желательно поддерживать на достаточно высоком уровне, т.к. это свидетельствует о стабильной финансовой структуре средств, которой отдают предпочтение кредиторы. Она выражается в невысоком удельном весе заемного капитала и более высоком уровне средств, обеспеченных собственными средствами. Это является защитой от больших потерь в периоды спада деловой активности и гарантией получения кредитов.

Определение стоимости капитала лежит в основе расчета экономической добавленной стоимости EVA. Показатель применяется для оценки эффективности деятельности предприятия с позиции его собственников, которые считают, что деятельность предприятия имеет для них положительный результат в случае, если предприятию удалось заработать больше, чем составляет доходность альтернативных вложений. Этим объясняется тот факт, что при расчете EVA из суммы прибыли вычитается не только плата за пользование заемными средствами, но и собственным капиталом. Практически показатель EVA рассчитывается следующим образом [4, с.283]:

$$EVA = (П - Н - К) \times К_{средн.}, \qquad (1)$$

где П - прибыль от обычной деятельности;
Н - налоги и другие обязательные платежи;
К - инвестированный в предприятие капитал (сумма пассива баланса);
$К_{средн.}$ - средневзвешенная цена капитала.

Из формулы (1) следует, что важную роль при расчете показателя EVA играют структура источников финансовых ресурсов предприятия и цена источников. EVA позволяет ответить на вопрос инвесторов: какой вид финансирования (собственное или заемное) и какой размер капитала необходим для получения определенного значения прибыли. Сущность EVA проявляется в том, что этот показатель отражает прибавление стоимости к рыночной стоимости предприятия и оценку эффективности деятельности предприятия через определение того, как это предприятие оценивается рынком. Значение EVA определяет поведение собственников предприятия по отношению к инвестированию в данное предприятие. Рыночная стоимость предприятия рассчитывается по формуле (2) [5, с.124].

$$C_{рын} = ЧА + EVA, \qquad (2)$$

где $C_{рын}$ - рыночная стоимость предприятия;
ЧА - чистые активы (по балансовой стоимости).

Для организаций привлечение различных источников финансирования (как внутренних, так и внешних) связано с затратами, поэтому привлекаемый капитал всегда будет иметь определенную стоимость, а так как этот капитал разнообразен по источникам, то у организации возникает возможность альтернативного выбора этих источников как по объемам, так и по стоимости каждого вида капитала. В результате привлечения различных видов капитала складывается определенная его структура и возникает определенная сумма финансовых ресурсов, которую необходимо уплатить за пользование данными источниками финансирования [3, с.40].

Экономическое содержание показателя стоимости и цены капитала заключается в определении затрат, связанных с привлечением единицы капитала из каждого источника. Разнообразие источников приводит к необходимости расчета средневзвешенной стоимости капитала. Она рассчитывается в процентах в среднегодовом исчислении. Средневзвешенная стоимость капитала (СВЗК) определяется по формуле (3) [6, с.211]:

$$СВЗК = [СТ_{зк} \times (1-НЛ_{пр}) \times ЗС + Д_{пр} \times СОБК] : (ЗС+СОБК), \qquad (3)$$

где $СТ_{зк}$ - цена заемного капитала;
$НЛ_{пр}$ - налог на прибыль;
ЗС - сумма заемного капитала;
СОБК - собственный капитал организации;
$Д_{пр}$ - процент дивидендов.

Если рентабельность чистых активов $Р_{ЧАК}$ выше средневзвешенной стоимости капитала организации (СВЗК) (формула (4)), с учетом поправки на налог на прибыль ($НЛ_{пр}$), то организация не только способна выплатить проценты по кредитам, но и направлять часть своей чистой прибыли на расширение производства [7, с.168]:

$$Р_{ЧАК} > СВЗК / (1-НЛпр) \qquad (4)$$

Средневзвешенная стоимость капитала - обобщающий показатель, характеризующий относительный уровень затрат или общую сумму всех расходов, возникающих в связи с привлечением и использованием капитала, и в то же время можно сказать, что это минимум возврата на вложенный капитал [8, с.248].

Периодичность проведения оценки эффективности использования финансовых ресурсов зависит от требований топ-менеджмента, а также от возможностей компании по сбору данных для управленческой отчетности. Поскольку у большинства российских компаний данные управленческого учета базируются на данных бухгалтерского учета, им имеет смысл проводить финансовый анализ раз в квартал одновременно с полным подведением итогов периода бухгалтерией. Компании с развитой информационной поддержкой бизнеса имеют возможность отслеживать финансовые показатели ежемесячно, еженедельно и даже ежедневно.

Одним из показателей, применяемых для оценки эффективности заемного капитала, является эффект финансового рычага (ЭФР), который рассчитывается по формуле (5) [9, с.329]:

$$ЭФР = [ROA (1 - Кн) - СП]ЗК/СК, \qquad (5)$$

где ROA - экономическая рентабельность совокупного капитала до уплаты налогов;

Кн - коэффициент налогообложения;
СП - ставка ссудного процента;
ЗК - заемный капитал;
СК - собственный капитал.

Эффект финансового рычага (ЭФР) показывает, на сколько процентов увеличивается рентабельность собственного капитала за счет привлечения заемных средств в оборот предприятия. Он возникает в тех случаях, если экономическая рентабельность капитала выше ссудного процента. Эффект финансового рычага состоит из двух компонентов: разности между рентабельностью совокупного капитала после уплаты налога и ставкой процента за кредиты; плеча финансового рычага: ЗК/СК. Положительный ЭФР возникает, если ROA (1 - Кн) – СП > 0. Если ROA (1 – Кн) – СП < 0, создается отрицательный ЭФР, в результате чего происходит «проедание» собственного капитала и это может стать причиной банкротства предприятия.

Эффект финансового рычага в управлении капиталом предприятия используется следующим образом: если предприятие использует только собственные средства, то их рентабельность оценивается как доля в экономической рентабельности активов с учетом налогообложения прибыли по следующей формуле (6) [10, с.147]:

$$РСС=(1 – Н) \times Ра, \qquad (6)$$

где РСС - рентабельность собственных средств предприятия, измеряемая отношением
    прибыли к их сумме;
Н - ставка налогообложения прибыли в долях единицы;
Ра - рентабельность активов предприятия.

Если предприятие использует помимо собственных средств и кредиты банка, то это увеличивает или снижает рентабельность собственных средств в зависимости от эффекта финансового рычага. В этом случае рентабельность собственных средств рассчитывается по формуле (7) [11, c.498]:

$$РСС=(1 – Н) \times Ра + ЭФР \qquad (7)$$

Зная расчетную величину собственного капитала на планируемый период, коэффициент финансового левериджа, обеспечивающего его максимальный эффект, можно определить предельный объем заемных средств (кредита) по формуле (8) [12, c.321]:

$$ЗКпл=Пфр + СКпл, \qquad (8)$$

где ЗКпл - сумма заемных средств на планируемый период;
Пфр - сумма собственных средств на планируемый период;
СКпл - «плечо» финансового рычага, в %.

В условиях инфляции, если долги и проценты по ним не индексируются, ЭФР и ROE увеличиваются, поскольку обслуживание долга и сам долг оплачиваются уже обесцененными деньгами. Соотношение собственных и заемных средств предприятия зависит от различных факторов, обусловленных внутренними и внешними условиями деятельности и выбранной им финансовой стратегии. К числу важнейших факторов могут быть отнесены: величины процентных ставок на дивиденды. Если процентные ставки за пользование кредитами и займами будут ниже ставок на дивиденды, то следует повышать долю заемных средств; соответственно увеличивать долю собственных средств можно в случае, если проценты на дивиденды будут, ниже процентных ставок за пользование кредитами и займами. Изменение объема деятельности предприятия, которое вызывает необходимость сокращения или увеличения потребности в привлечении заемных средств. Накопление излишних или слабо используемых запасов товарно-материальных ценностей, устаревшего оборудования, отвлечение средств в дебиторскую задолженность сомнительного характера с высоким фактором риска.

Оценка эффективности использования финансовых ресурсов необходима для принятия управленческих решений, направленных на рост прибыльности, выявление причин убыточности, а также обеспечение стабильного финансового состояния. От того, насколько качественно проведена данная оценка, зависит эффективность принятия управленческих решений, связанных с дальнейшим использованием собственных, привлеченных и заемных финансовых ресурсов. Периодичность проведения оценки эффективности использования финансовых ресурсов зависит от требований топ-менеджмента, а также от возможностей компании по сбору данных для управленческой отчетности.

Поскольку у большинства российских компаний данные управленческого учета базируются на данных бухгалтерского учета, им имеет смысл проводить финансовый анализ раз в квартал одновременно с полным подведением итогов периода бухгалтерией. Компании с развитой информационной поддержкой бизнеса имеют возможность отслеживать финансовые показатели ежемесячно, еженедельно и даже ежедневно [1, с.17].

Таким образом, становится понятно, что результаты оценки эффективности использования финансовых ресурсов лежат в основе выработки мер, направленных на повышение эффективности управления финансовыми ресурсами, более рациональное распределение доходов, что в итоге способствует повышению стоимости всей компании.

Литература

1. Бабичева, Н.Э. Интегрированная методика экономического анализа развития организаций с использованием ресурсного подхода / Н.Э. Бабичева // Экономический анализ: теория и практика. - 2013. - №1. - С.10-18.
2. Савцова, А.В. К вопросу об управлении финансовыми ресурсами коммерческих организаций / А.В. Савцова // Вестник Северо-Кавказского федерального университета. - 2015. - №4. - С.205-207.
3. Божко, В. П. Управление финансовой устойчивостью предприятий / В.П. Божко, С.Ю. Балычев, А.М. Батьковский // Экономика, статистика и информатика. Вестник УМО. - 2013. - №4. - С.36-41.
4. Ефимова, О.В. Финансовый анализ. Современный инструментарий для принятия экономических решений: учебник / О.В. Ефимова. - М.: Омега-Л, 2014. - 352с.
5. Кандрашина, Е.А. Финансовый менеджмент: учебник для бакалавров / Е.А. Кандрашина. - М.: Дашков и К°, 2012. - 220с.
6. Большаков, С.В. Основы управления финансами: учебное пособие / С.В. Большаков. - М.: ФБК-Пресс, 2012. - 365с.
7. Брусов, П.Н. Финансовый менеджмент. Математические основы. Краткосрочная финансовая политика: учебное пособие / П.Н. Брусов, Т.В. Филатова. - 2-е изд., стер. - М.: КноРус, 2013. - 304с.
8. Ковалев, В.В. Корпоративные финансы и учет. Понятия, алгоритмы, показатели: учебное пособие / В.В. Ковалев. - 2-е изд. - М.: Проспект, 2013. - 874с.
9. Ковалев, В.В. Основы теории финансового менеджмента: учебно-практическое пособие / В.В. Ковалев. - М.: Проспект, 2014. - 534с.
10. Русак, Н.А. Финансовый анализ субъекта хозяйствования: Справочное пособие / Н.А. Русак, В.А. Русак. - М: Высшая школа. - 2012. - 309с.

11. Селезнева, Н.Н., Ионова А.Ф. Финансовый анализ. Управление финансами: учеб. пособие для вузов / Н.Н. Селезнева, А.Ф. Ионова. - 2-е изд., переаб. и доп. - М.: ЮНИТИ-ДАНА, 2012. - 639с.

12. Тренев, Н.Н. Управление финансами: учебное пособие / Н.Н. Тренев. - М.: Финансы и статистика, 2011. - 495с.

Катбамбетов М.И.
кандидат юридических наук, доцент кафедры уголовного права и криминологии юридического факультета
Адыгейского государственного университета

murik-001@mail.ru

НАЗНАЧЕНИЕ НАКАЗАНИЯ ЗА ВООРУЖЕННЫЕ ПРЕСТУПЛЕНИЯ

Вооруженное насилие занимает особое место в числе угроз национальной безопасности России. За два последних десятилетия оно приобрело настолько выраженный, устойчивый и системный характер, что из числа типовых криминологических вопросов перешло в разряд ключевых социальных проблем. Но вопреки ожиданиям пристальное внимание общества к вооруженной преступности существенно не повлияло на качество судебной практики.

Назначая наказание за вооруженные преступления, суды, как правило, закладывают в основу индивидуализации дополнительные критерии, связанные с характером применяемого оружия, направленностью
и общественной опасностью преступного посягательства.

А. П. Кузнецов и С. П. Пилипенко отмечают, что мера наказания за убийства, которые составили подавляющее большинство преступлений, совершенных вооруженным способом (78,9 %), колебалась в сторону превышения минимума санкции в размере от 33,3 до 83,3 % разницы между максимумом и минимумом предусмотренного санкциями наказания в виде лишения свободы. Почти все убийства с использованием оружия совершались при рецидиве преступлений того или иного вида, при квалифицирующих обстоятельствах, в том числе нескольких, и тем не менее назначаемое наказание ни разу не достигало максимума лишения свободы, предусмотренного санкциями ч. ч. 1 и 2 ст. 105 УК РФ. В то же время использование оружия при угрозе убийством и побоях (соответственно 10,5
и 5,5 % случаев) суды воспринимали крайне негативно и назначали максимально строгое наказание, предусмотренное санкциями за данные преступления[1, 25-29].

Выборочный анализ уголовных дел о преступлениях, связанных с применением оружия, подтвердил эти выводы. Наказание, назначаемое за вооруженное убийство, в среднем не превышало 3/5 от максимума санкций,
в то время как за иные преступления, связанные с применением оружия, оно назначалось в границах 4/5 максимального наказания.

Анализ приговоров выявил зависимость назначаемого наказания от характера применяемого оружия. В большинстве случаев максимальное наказание назначалось за преступления, совершенные с применением огнестрельного оружия, менее суровое - за преступления, совершенные с использованием газового и пневматического оружия. И, наконец, немногим выше медианы санкции назначалось наказание за посягательства, сопряженные с применением холодного, метательного и сигнального оружия.

Это объясняется тем, что судьи не видят существенных различий в общественной опасности деяний, совершенных с применением охотничьего ножа или ножа хозяйственно-бытового назначения, столярным или сигнальным пистолетом.

Характерно, что, несмотря на рекомендации постановления Пленума Верховного Суда РФ от 17.01.1997 № 1 «О практике применения судами законодательства об ответственности за бандитизм», только в 12 % случаев суд назначал экспертизу для решения вопроса о признании оружием используемых предметов.

Анализ уголовных дел показал, что, применяя п. «к» ч. 1 ст. 63 УК РФ суд не уделяет достаточного внимания исследованию обстоятельств совершения преступлений, взаимодействию преступника и жертвы преступления. А между тем такой анализ необходим при назначении наказания за преступления, связанные с применением гражданского огнестрельного оружия (спортивного, бесствольного и гладкоствольного длинноствольного охотничьего оружия).

Наиболее распространенным видом гражданского оружия, используемого при совершении преступлений, является гладкоствольное длинноствольное охотничье ружье. В 1991 году в индивидуальном пользовании россиян числилось более 3,8 млн охотничьего оружия, в 2000 г. — 5,3 млн, в 2009 г. — 6 млн единиц. Очевидно, что увеличение численности охотничьего оружия, находящегося в гражданском обороте, с неизбежностью ведет к увеличению фактов его неправомерного использования.

Высокую общественную опасность представляет применение дробовых снарядов. Их поражающие свойства позволяют рассматривать выстрел дробью из ружья как общеопасный (квалифицирующий) способ совершения преступления. После выстрела дробовой снаряд летит компактной массой на расстоянии одного метра, затем от него начинают отделяться отдельные дробины, через 2–5 м увеличивается радиус рассеивания дроби, и возникает риск поражения случайных лиц[2, 53-55; 165].

Между тем анализ уголовных дел показал, что только в 52 % случаев применения заряженного дробью ружья суд тщательно исследовал обстоятельства, свидетельствующие об общеопасном способе посягательства.

Если отвлечься от анализа п. «к» ч. 1 ст. 63 УК РФ и рассмотреть особенности индивидуализации наказания за вооруженные преступления в целом, можно отметить ряд закономерностей и существенных противоречий в практике назначения наказания.

Так, обобщение статистических данных и выборочный анализ уголовных дел по делам о преступлениях, предусмотренных ст. 105, 111, 162, 163, 213, 222–226 УК РФ, позволили выявить некоторые особенности.

1. Отличительной чертой российской уголовной политики является постепенное увеличение доли лиц, осужденных к лишению свободы. В 2012 году к реальному отбытию наказания в виде лишения свободы были приговорены 97,5 % осужденных за вооруженные убийства, 43,3 % за вымогательство, 81,2 % за вооруженный разбой, и 33 % за незаконный оборот оружия, его основных частей, боеприпасов, взрывчатых веществ и взрывных устройств.

При этом наблюдается ужесточение наказаний за тяжкие насильственные преступления против личности (убийства и причинение вреда здоровью): средний размер на 15 % превышает медиану санкции соответствующей нормы УК РФ. В то же время отмечена либерализация назначаемого наказания в виде лишения свободы за вооруженный разбой
(в 70 % случаев наказание не выходило за рамки нижней половины санкции), вымогательство (71 %), бандитизм (51 %), хищение оружия (60 %), хулиганство (85 %).

На объективность либерализации указывает относительно высокая доля наказаний ниже низшего предела санкции соответствующей статьи: по убийствам (3,8 %), причинению тяжкого вреда здоровью (8,2 %), по вооруженным разбоям (9,2 %), вымогательству (9,7 %), бандитизму (51 %) и хищению оружия (7,6 %).

Тенденция универсализации наказания в виде лишения свободы негативно оценивается специалистами. В качестве возможного решения проблемы предлагается назначать краткосрочное лишение свободы (до 1 года), но с этим предложением сложно согласиться.

Во-первых, за относительно короткий срок администрация исправительного учреждения не в силах изучить личность осужденного и разработать индивидуальный комплекс профилактических мер. В этом случае предупредительное воздействие ограничивается формализованной процедурой.

Во-вторых, не следует пренебрегать опасностью передачи криминального опыта. По своим нравственно-психологическим характеристикам вооруженный преступник — это лицо с устойчивой антисоциальной направленностью, для которого краткосрочное лишение свободы — это возможность расширить криминальный опыт.

О низкой эффективности краткосрочного лишения свободы свидетельствуют результаты криминологических исследований. По экспертным оценкам, из 506 человек, осужденных к лишению свободы на срок до 1 года, 30,2 % после освобождения вновь совершили преступления» [3, 8]. Официальная статистика подтверждает этот вывод: уровень рецидива среди лиц, отбывших краткосрочное лишение свободы за вооруженное хулиганство, составляет примерно 51 %.

На необходимость дополнения перечня основных наказаний за вооруженные посягательства указывает ежегодно расширяемая практика условного осуждения к лишению свободы.

Особенно тревожной выглядит тенденция назначения условного наказания за вооруженные убийство (1,5 % от общего числа осужденных), вымогательство (54 %), разбой (18,5 %), незаконные сбыт, приобретение и хранение оружия (69 %).

В условиях системного кризиса пенитенциарной системы говорить о возможностях исправления насильственных и корыстно-насильственных преступников, приискивающих и применяющих огнестрельное оружие, вряд ли возможно. Об этом свидетельствую показатели специального рецидива: 10 % в случае совершения вооруженных убийств и причинения вреда здоровью, 18 % при совершении разбоев, бандитизма и вымогательства.

Литература:

1. Кузнецов А. П., Пилипенко С. П. Назначение наказаний при наличии обстоятельств, отягчающих наказание // Российский следователь. 2007. № 19.

2. Сидоренко Е. Правовое положение политических партий // Российская юстиция 2001.; Сулакшин С.С., Сидоренко Э.Л., Куропаткина О.В., Буянова Е.Э. Целесообразность, возможность и содержание реформы оборота гражданского огнестрельного оружия. М., 2011.

3. Сергеева Т. Л., Помчалова Т. Ф. Эффективность краткосрочного лишения свободы // Эффективность уголовно-правовых мер борьбы с преступностью. М., 1998.

Дзыбова С.Г.
к.ю.н., доцент кафедры конституционного и административного права юридического факультета АГУ;
Новиченко А.А.
студентка 2 курса юридического факультета АГУ;
Адыгейский государственный университет, Россия.
Dzibova.S@mail.ru

НЕЗАВИСИМОСТЬ СУДЕБНОЙ ВЛАСТИ КАК ОСНОВА ДЕМОКРАТИЧЕСКОГО ГОСУДАРСТВА

Аннотация: Статья посвящена анализу важнейшего принципа организации и деятельности судебной власти – независимости судебной власти. Подробно рассмотрены такие гарантии, как несменяемость судей и материальная и социальная поддержка судей. В работе исследуется вопрос регламентации в конституциях зарубежных государств и Российской Федерации положений о независимости судебной власти.

Ключевые слова: судебная власть, независимость и самостоятельность судебной власти, гарантии, несменяемость суде.

Состояние правосудия в государстве является одним из критериев оценки уровня демократии и законности. Мировой опыт свидетельствует, что правовое государство может существовать только в том случае, если в стране имеется сильная, независимая и авторитетная судебная власть. Это необходимое условие формирования гражданского общества и построения правового демократического государства.

Среди конституционных принципов организации и функционирования судебной власти следует особо выделить принцип, реализация которого в значительной степени способна обеспечить эффективность правосудия, исключить постороннее воздействие на судей при осуществлении ими своих полномочий. Это принцип независимости судей и подчинения их только закону, во многом, определяющий статус суда в современном правовом государстве.

При анализе принципа независимости судей речь в первую очередь идет о свободе как главной ценности человеческой жизни, а в данном случае – функциональной деятельности судьи, которая становится условием или основанием выполнения последующих ценностных категорий права как равенства и справедливости при принятии судебных решений.

Независимость судебной власти определяется как конституционный принцип правосудия в демократическом государстве, означающий, что судебная власть разрешает дела на основе закона, в условиях, исключающих всякое постороннее воздействие [1, 326]. Значение этого принципа правосудия кроется в создании для судей условий осуществления их деятельности, при которых они могли бы рассматривать дела и принимать по ним решения на основе Конституции и иных законов, руководствуясь лишь своими внутренними убеждениями. Такая обстановка может быть обеспечена, если суд огражден от всякого воздействия, давления на него со стороны. Только в этом случае может быть реальной самостоятельность судебной власти при осуществлении правосудия, на которую со всей определенностью указывает ст. 10 Конституции РФ.

Независимость судей является непременным условием отправления правосудия. В связи с этим возникает вопрос: независимость от кого или от чего? Можно выделить некоторые области влияния на судью: независимость от исполнительной и законодательной властей; независимость от других судей и избирателей; отношения со средствами массовой информации; влияние общественного мнения, а также законодательства.

В каждом случае, принимая решение, суд руководствуется законами, правосознанием, своим внутренним убеждением, основанным на рассмотрении всех обстоятельств дела в совокупности.

О значимости независимости деятельности судебных органов говорит тот факт, что данный принцип функционирования судебной системы закрепляется не только в национальных законодательствах, но и провозглашается в общепризнанных нормах международного права, например, «Основные принципы независимости судей», одобренные резолюцией 40/146 Генеральной Ассамблеи ООН от 13 декабря 1985 года [3, 124].

В большинстве стран мира данный принцип зафиксирован в Конституции, некоторые страны регламентируют его в законах, а у некоторых данный принцип является правовой традицией (Великобритания).

Для обеспечения продуктивного функционирования данного принципа деятельности судей международными стандартами, а также нормами, установленными государством, создается круг определенных гарантий: установленная законом процедура осуществления правосудия, которая исключает постороннее воздействие на судей (вынесение судом решения в совещательной комнате, в которой могут находиться только судьи, входящие в состав суда по данному делу, и т.д.); преследование по закону любого вмешательства в деятельность по осуществлению правосудия; освобождение судей от обязанности отчитываться перед кем бы то ни было о своей деятельности; установление законом специального порядка приостановления и прекращения полномочий судьи; право судьи на отставку по собственному желанию независимо от возраста; предоставление судье за счет государства материального и социального обеспечения, соответствующего его статусу; неприкосновенностью судьи; системой органов судейского сообщества; особая защита государством судьи, членов его семьи и их имущества; порядок назначения судей и их несменяемость; особый порядок привлечения к ответственности. Гарантии независимости судей относятся и к присяжным заседателям.

Самой известной гарантией является несменяемость судей. Его по праву признают самым эффективным в обеспечении независимости судей. Еще в 19 веке российский юрист А.Ф. Кони стоял на своём во имя принципа несменяемости судей. Он утверждал, что увольнение председателя столичного суда за неугодный правительству приговор означало бы, что этот принцип существует только на бумаге. Для А.Ф. Кони же несменяемость была дорога как гарантия независимости судей, без которой нет подлинного правосудия, нет справедливости в суде.

Несменяемость судьи, прежде всего, означает, что судья не может быть назначен (избран) на иную должность или переведен в другой суд без его согласия. Помимо этого, во многих судебных системах мира несменяемость связана с бессрочностью осуществления судейских полномочий до достижения предельного возраста пребывания в должности судьи.

Согласно конституционным аксиомам назначенный на должность судья осуществляет свои полномочия до тех пор, пока его деятельность является безупречной с точки зрения деловых и моральных качеств. Этот принцип означает также и то, что судья может уйти в отставку, на пенсию, быть освобожденным от должности лишь на основаниях и на условиях, определенных в законе (ст. 117 Конституции Испании, ст. 88 Федерального конституционного закона Австрии).

В разных государствах данная гарантия функционирует по-своему. Например в РФ полномочия судьи федерального суда не ограничены определенным сроком, но установлен предельный возраст пребывания в должности федерального судьи – 70 лет. Антиподом данному примеру служит судебная система Ирана. Согласно Конституции Ирана глава судебной власти назначается на должность духовным лидером сроком на пять лет (ст.157 Конституции Ирана) [2, 87].

Также нужно сказать о такой гарантии, как предоставление судье за счет государства материального и социального обеспечения, соответствующего его статусу. Независимость судебной системы находит свое выражение, прежде всего, в независимости конкретного судьи. И тут гарантированность в социальной защите в полном объеме определяет независимость суда от внешних факторов, от которых зависит судья, а именно: предоставление льгот, лечения, отдыха, восстановления социально-психологического здоровья и т.д. [5, 504]. Отметим, что заработная плата судей полностью зависит от их профессионального стажа и заслуг. Помимо пропорции «стаж – заработная плата» наблюдается пропорция «стаж – отпуск», то есть, чем выше стаж судьи, тем больше у него заработная плата и отпуск.

Например, в США должность судьи оплачивается довольно-таки кругленьким окладом, но отметим, что на практике для американских судей финансовая сторона не имеет значения для их решения стать судьей. Многие подчеркивали, что пошли на работу из-за интеллектуального вызова и удовлетворения от процесса свершения правосудия, возможности решать дела и формировать мнения. Отмечается также интерес к государственной службе, стремление сделать что-либо полезное для общества, а также надежду на улучшение системы правосудия [6]. Но даже вполне развитая американская судебная система зависима: федеральная система правосудия США и многие судебные системы штатов сталкиваются с проблемой в том, что зарплата судей контролируется и зависит от законодательной власти. Зависимость от законодательной власти также наблюдается в Германии. Но в основном судебная система терпит вмешательства исполнительных органов власти. В Египте некоторые суды юристы вообще относят к исполнительной ветви, так как суды государственной безопасности Египта полностью подотчетны президенту и правительству.

Принцип независимости судей, являющийся основой мировых судебных систем, терпит поражение в Китае. В Пекине на ежегодной коллегии Верховного народного суда Китайской Народной Республики председатель и парторг Верховного народного суда КНР Чжоу Цян в своей речи говорил: «Мы должны решительно противиться влиянию ошибочных идеологических веяний вроде «конституционной демократии, «разделения властей» и «независимости судебной власти», существующим на Западе, и непоколебимо идти по пути социализма». Но справедливости ради нужно сказать, что по статистическим данным китайская судебная система под руководством социалистической партии довольно эффективно творит правосудие [3].

Что же касается Российской Федерации, то отметим лишь то, что в России впервые законодательное закрепление рассматриваемого принципа было при Александре II в результате проведения им судебной реформы 1864 года. После принцип совершенствовался и на данный момент имеет довольно-таки законченную структуру. Согласно ст. 120 Конституции Российской Федерации 1993 г., судьи независимы и подчиняются только Конституции РФ и федеральному закону.

В заключении хотелось бы отметить, что независимость судей – не абсолютная категория, как бы высоко она ни оценивалась самим судейским сообществом и обществом вне его. Люди будут оценивать беспристрастность и справедливость суда, судебные решения, вызвавшие общественный интерес, а институты гражданского общества будут вынуждены прислушиваться к этим оценкам, как-то реагировать на них и вступать в диалог с судейским сообществом по их поводу. Уклониться от этого диалога судейскому сообществу не удастся, хотя корпоративная установка судей на отказ давать какие-либо объяснения по поводу принятых судебных решений формально как бы и предоставляет такую возможность. Независимость судей – это не цель, а средство установления в государстве подлинного правосудия, которое по своему содержанию принципиально не совпадает с простым делопроизводством в судах.

Литература:

1. Додонов, В.Н. Большой юридический словарь / В.Н. Додонов, В.Д. Ермаков, М.А. Крылова. – М., 2001.
2. Гусенова, П.А. Общая характеристика судебной системы исламской республики Иран / П.А. Гусенова // Вестник СПбГУ. Сер. 14. Право. – 2016. – Вып. 2.
3. Маклашевская, А. Независимость судов признана в Китае вредной и ошибочной идеей / А. Маклашевская. [Электронный ресурс] – Режим доступа: http://www.kommersant.ru/doc/3193503.
4. Международное публичное право. Сборник документов. Т.2. – М., 1996.
5. Митрюхина, Л.С. Гарантии обеспечения социальной защиты судей / Л.С. Митрюхина // Молодой ученый. – 2016. – №5. – С. 504-506.
6. College Journal of the Wall Street Journal. URL: www.collegejournal.com/salarydata/law.